扫码查看资源
激活码rbLL84ZG

UML面向对象分析与设计

主　编◎张素娟

UML MIANXIANG DUIXIANG FENXI YU SHEJI

图书在版编目(CIP)数据

UML面向对象分析与设计/张素娟主编. —北京：北京师范大学出版社，2021.5

ISBN 978-7-303-26827-6

Ⅰ.①U… Ⅱ.①张… Ⅲ.①面向对象语言－程序设计－高等学校－教材 Ⅳ.①TP312.8

中国版本图书馆CIP数据核字(2021)第036715号

营销中心电话 010-58802181 58805532
北师大出版社科技与经管分社 www.jswsbook.com
电子信箱 jswsbook@163.com

出版发行：北京师范大学出版社 www.bnupg.com
北京市西城区新街口外大街12-3号
邮政编码：100088

印 刷：北京京师印务有限公司
经 销：全国新华书店
开 本：787 mm×1092 mm 1/16
印 张：11.5
字 数：238千字
版 次：2021年5月第1版
印 次：2021年5月第1次印刷
定 价：29.80元

策划编辑：赵洛育　　责任编辑：赵洛育
美术编辑：李向昕　　装帧设计：李向昕
责任校对：段立超　　责任印制：赵非非

内容简介

统一建模语言 UML 的应用领域非常广泛，可应用于商业建模，也可应用于其他类型的建模，是面向对象技术领域内占主导地位的标准建模语言。

本书主要分为 3 篇。第 1 篇是面向对象技术与建模基础，共 2 章，主要介绍了面向对象的基本概念和主要特征、建模的目的和基本原则、UML 的组成结构和概念模型、常用建模工具的安装与使用。第 2 篇面向对象分析与设计是本书的核心部分，共 4 章，分别从需求建模、静态建模、动态建模和物理建模介绍 UML 在面向对象分析与设计中的应用。第 3 篇是综合实训，共 2 章，主要为教学案例和实训案例，通过教学案例让学生综合应用第 2 篇所学内容，通过实训实现理论实践一体化。

本书可以作为普通高等院校软件工程专业、计算机专业等相关专业的教材，也可以作为其他各类软件工程从业人员的参考用书。

前　言

统一建模语言 UML 目前已成为面向对象软件系统分析与设计的必要工具，是软件设计人员、开发人员的必备知识。

本书主要分 3 篇来介绍 UML。

第 1 篇为面向对象技术与建模基础，共分 2 章，主要介绍了面向对象的基本概念和主要特征、建模的目的和基本原则、UML 的组成结构和概念模型、常用建模工具的安装与使用。

第 2 篇为面向对象分析与设计，这是本书的核心部分，共分 4 章，分别从需求建模、静态建模、动态建模和物理建模 4 个方面介绍了 UML 在面向对象分析与设计中的应用。

(1)需求建模：描述系统的功能，主要包括用例图和用例文档。

(2)静态建模：描述系统的静态结构，主要包括类图和对象图。

(3)动态建模：描述系统的动态行为，主要包括顺序图、通信图、活动图和状态图。

(4)物理建模：描述系统代码部件的物理结构及系统中软硬件的物理体系结构，主要包括组件图和部署图。

第 3 篇为综合实训，共分 2 章，主要为教学案例和实训案例。通过教学案例，让学生综合应用第 2 篇所学的内容；通过实训，实现理论实践一体化。本篇的设置，将教师的案例综合讲解和操作示范与学生的技能训练设计在同一个教学单元完成，融“教、学、练”于一体，体现了编者“在做中学、学以致用”的教学理念。

本书主要有以下几个特色。

(1)融入了“雨课堂”。“雨课堂”是基于慕课的混合式教学新“利器”，它让现代教育技术轻松融入课堂，开启“雨课堂”授课，学生可以手机答题、发弹幕、投稿，“雨课堂”及时记录教学过程并反馈教学效果，使智慧教学成为传统教学的自然延伸。

(2)引入“小白问答”环节，该环节将章节中的重点和难点，通过通俗易懂的方式进行阐述和解析，加深初学者对专业概念的理解。

(3)在本书的附录部分，含有“UML 面向对象分析与设计在毕业设计(论文)中的应用”及每章的“课前预习引导”和“课后复习指导”。

①计算机科学与技术、软件工程等专业的毕业设计(论文)大多为软件开发类，本书附录提供了相关的参考，指导 UML 在毕业论文中的应用。

②通过附录的“课前预习引导”和“课后复习指导”，引导学生课前自主预习，指导学生课后自主复习，重视课前、课中、课后的每一个环节，最大限度地释放教与学的能量，

通过完善的教材内容体系，结合智慧教学工具“雨课堂”，打造丰富的教学课堂。

本书由厦门理工学院资助，教材建设基金资助项目成果归厦门理工学院所有。

本书在编写过程中得到了出版社及编者所在学校的帮助与大力支持，在此表示最诚挚的感谢。由于时间仓促且水平有限，本书难免有疏漏和不当之处，欢迎广大读者批评指正。E-mail：2011992130@xmut. edu. cn。

编者

2020 年 8 月

教学建议

教学章节	教学要求	建议课时
第 1 章 面向对象技术	• 了解软件的开发方法 • 掌握面向对象的基本概念 • 掌握面向对象的主要特征	2(理论)
第 2 章 可视化建模技术	• 了解可视化建模 • 了解 UML 的概念、特征和发展历程 • 掌握 UML 的结构：事物、关系、图 • 了解常用的建模工具 • 掌握 StarUML 的安装和使用	4(理论) + 2(实验)
第 3 章 需求建模	• 了解需求模型 • 掌握用例图的组成、关系和应用 • 掌握用例文档	4(理论) + 2(实验)
第 4 章 静态建模	• 了解静态模型 • 掌握系统中类的识别：边界类、控制类、实体类 • 掌握系统中类之间关系的识别 • 掌握类图的应用 • 掌握对象图	4(理论) + 2(实验)
第 5 章 动态建模	• 了解动态模型 • 掌握顺序图的组成和应用 • 掌握通信图的组成和应用 • 掌握活动图的组成和应用 • 掌握状态图的组成和应用	8(理论) + 4(实验)
第 6 章 物理建模	• 了解物理模型 • 掌握组件图的功能、组成和应用 • 掌握部署图的功能、组成和应用	4(理论) + 2(实验)
第 7 章 UML 与统一软件 开发过程	• 了解软件的开发过程 • 掌握统一软件开发过程 • 了解其他软件开发模型	2(理论)

续表

教学章节	教学要求	建议课时
第 8 章 教学案例——腾讯课堂老师极速版(Windows)	• 掌握腾讯课堂老师极速版(Windows)的建模	4(理论)
第 9 章 实训案例——腾讯课堂学生极速版(Windows)	• 掌握腾讯课堂学生极速版(Windows)的建模	4(实验)
总课时	32(理论)＋16(实验)	48 课时

说明：

(1)若学时数少，第 5 章和第 6 章理论课时可适当调整，教学案例和实训案例可选择在机房上课，实现“讲、练”结合，同步进行。

(2)若学时数多，教师可将附录内容一并讲解，重点讲解 UML 面向对象分析与设计在毕业设计(论文)中的应用。

(3)建议理论教学也安排在机房授课，学生可以边学边练，在实践中理解课堂所授教学内容，加深学生对理论知识的理解和应用。

课程学习导航

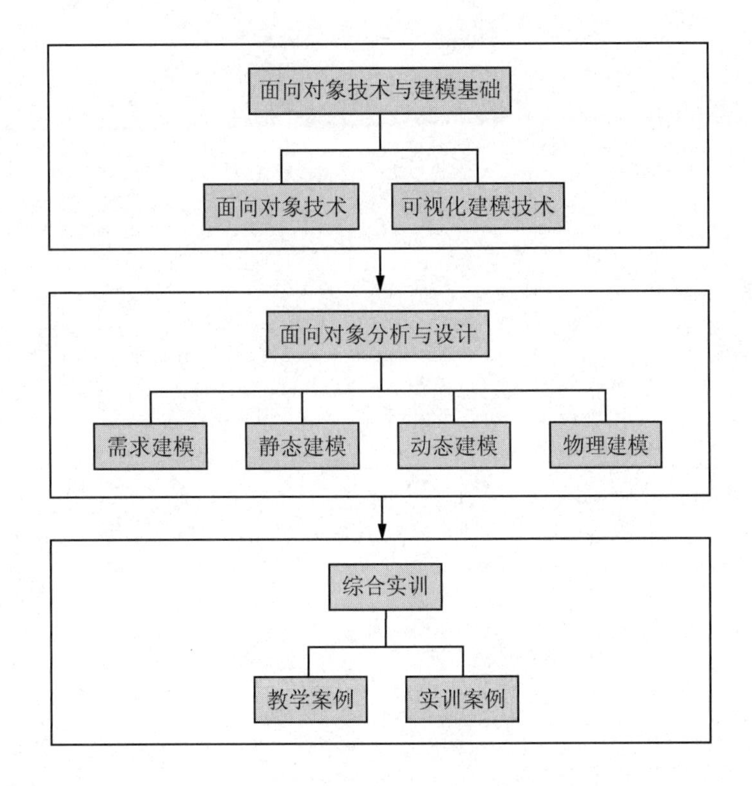

面向对象技术与建模基础
面向对象技术
可视化建模技术
面向对象分析与设计
需求建模
静态建模
动态建模
物理建模
综合实训
教学案例
实训案例

目　　录

第1篇　面向对象技术与建模基础

第2篇 面向对象分析与设计

第 3 篇 综合实训

第 1 篇　面向对象技术与建模基础

第 1 章　面向对象技术

面向对象技术是软件工程学的一个重要分支，也是当今软件开发的主流方法。对象、类、封装、继承、多态等概念已被广泛接受，而面向对象分析与设计则是使用现实世界的概念模型来思考问题的一种方法，对于理解问题、与问题领域专家交流、企业级应用建模、编写文档、设计数据库、设计程序来说，面向对象模型非常有用。有了面向对象的思想才产生了后面将要介绍的统一建模语言。本章主要内容包括：软件开发方法、面向对象的基本概念、面向对象的主要特征。

本章学习目标

- 了解结构化方法和面向对象方法。
- 掌握面向对象的基本概念：对象、类、消息。
- 掌握面向对象的主要特征：抽象、封装、继承、多态。

1.1　软件开发方法

1.1.1　结构化方法

结构是指系统内各组成要素之间的相互联系、相互作用的框架。结构化软件开发方法强调开发方法的结构合理性和所开发软件的结构合理性，结构化方法的基本要点：自顶向下、逐步求精、模块化设计、结构化编码。

结构化方法包含结构化分析(Structured Analysis，SA)、结构化设计(Structured Design，SD)、结构化程序设计(Structured Programming，SP)、结构化测试(Structured Test，ST)、结构化系统维护(Structured System Maintenaince，SSM)5 个方面内容，如图 1-1 所示。结构化方法主要是面向数据流，一般采用结构化分析和设计 CASE 工具来完成。

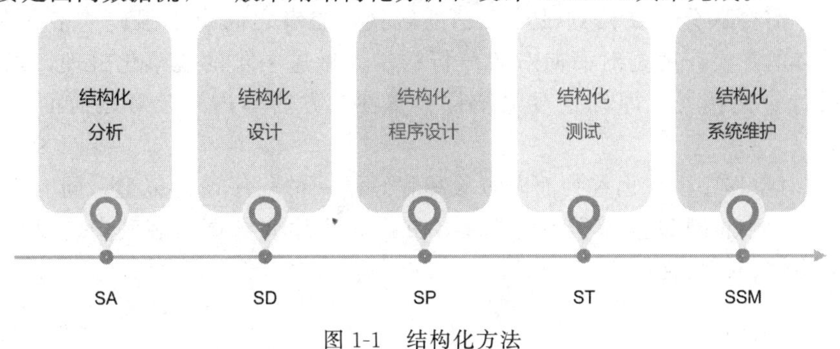

图 1-1　结构化方法

(1)结构化分析使用数据流图、数据字典和加工说明来构造系统的需求分析模型。用数据流图描述系统的分解，即描述系统由哪几部分组成、各部分之间有什么联系等；用数据字典描述系统中的每一个数据；用加工说明详细描述系统中的每一个加工。

(2)结构化设计在需求分析的基础上，要针对给定的问题给出软件解决方案。结构化设计可分为总体设计和详细设计两部分。其中，总体设计部分要给出被构建系统的模块结构，通常用到模块结构图；详细设计部分要为各模块提供关于算法的详细描述，常用的描述方式有流程图、N-S图、PAD图、伪代码等。

(3)结构化程序设计也称为面向过程程序设计，它的主要观点是采用自顶向下、逐步求精的程序设计方法，使用3种基本控制结构构造程序，即任何程序都可由顺序、选择、循环3种基本控制结构构造。常见的面向过程语言有C语言、Fortran语言等。

1.1.2 面向对象方法

面向对象方法是以面向对象思想为指导进行系统开发的一类方法的总称。这类方法以对象为中心，以类和继承为构造机制来抽象现实世界，并构建相应的软件系统。面向对象软件开发方法包含面向对象分析(Object Oriented Analysis，OOA)、面向对象设计(Object Oriented Design，OOD)、面向对象程序设计(Object Oriented Programming，OOP)、面向对象测试(Object Oriented Test，OOT)和面向对象系统维护(Object Oriented System Maintenance，OOSM)5个方面的内容，如图1-2所示。

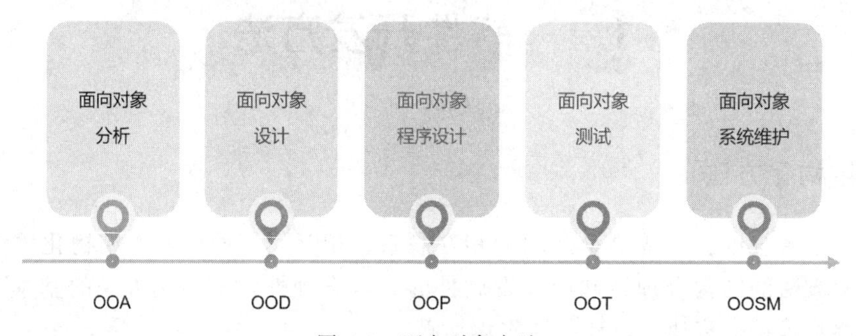

图1-2 面向对象方法

(1)面向对象分析是通过行为分析法认定对象及它们之间的关系，面向对象的分析模型通常使用UML进行建模。常用的UML图有用例图、类图、顺序图、活动图等。

(2)面向对象设计和面向对象分析采用一致的概念、原则和表示方法，二者并没有很大的区别，不需要从分析文档到设计文档的转换，二者之间也不强调严格的阶段划分。面向对象设计的主要作用是对面向对象分析的结果做进一步的规范化整理，以便能够被面向对象设计直接接受，即确定对象结构、属性、方法等内容，对之前的模型进行优化等。

(3)面向对象程序设计也称为面向对象编程，是一种程序设计范型，同时也是一种程序开发的方法。它将对象作为程序的基本单元，将程序和数据封装其中，以提高软件的重用性、灵活性和扩展性。

1. 面向对象方法的历史

面向对象方法起源于面向对象的编程语言。20世纪50年代后期，在使用Fortran语言编写大型程序时，常有变量名在程序不同部分发生冲突的问题出现。因此，ALGOL语言的设计者在ALGOL60中采用了以“BEGIN……END”为标识的程序块，使块内变量名是局部的，以避免它们与程序块外的同名变量相冲突。这是编程语言中首次提供封装(保护)的尝试，此后程序块结构广泛用于高级语言如PASCAL 、ADA、C语言之中。

20世纪60年代中后期，SIMULA语言在ALGOL基础上进行研制开发，它将ALGOL的块结构概念向前发展了一步，提出了对象的概念，并使用了类，同时也支持类继承。20世纪70年代，SMALLTALK语言诞生，它以SIMULA的类为核心概念，它的很多内容借鉴了LISP语言。在XEROX公司对SMALLTALK72、SMALLTALK76持续不断地研究和改进之后，于1980年推出了商品化的SMALLTALK80，它在系统设计中强调对象概念的统一，引入对象、对象类、方法、实例等概念和术语，采用动态联编和单继承机制。

正是通过SMALLTALK80的研制与推广应用，使人们注意到面向对象方法所具有的模块化、信息封装与隐蔽、抽象性、继承性、多样性等独特之处，这些优异的特性为研制大型软件以及提高软件的可靠性、可重用性、可扩充性和可维护性提供了有效的手段和途径。

自20世纪80年代以来，人们将面向对象的基本概念和运行机制运用到其他领域，获得了一系列相应领域的面向对象的技术。面向对象方法已被广泛应用于程序设计语言、形式定义、设计方法学、操作系统、分布式系统、人工智能、实时系统、数据库、人机接口、计算机体系结构以及并发工程、综合集成工程等，在诸多领域的应用都得到了很大的发展。1986年，在美国举办了首届“面向对象编程、系统、语言和应用(OOPSLA’86)”国际会议，面向对象开始受到世人瞩目，其后每年都举办一次，这进一步标志着面向对象方法的研究已普及全世界。

2. 面向对象方法的特点

面向对象方法是一种建立在已有的软件开发经验基础上的新的思考方式，它以封装为核心，将数据和行为结合成为对象。面向对象的开发方法有数十种，典型的有Booch、Jacobson、Coad-Yourdon、James Rumbaugh等，综合起来，其基本观点如下。

(1)现实客观世界由对象组成，任何客观的事物和实体都是对象，复杂对象可以由简单对象组成。

(2)具有相同的数据和操作的对象可归并为一个类。对象具有封装性，它可以对数据和操作形成一个包装。对象是类的一个实例，一个类可以产生很多对象，类能够被开发、再使用或购买。

(3)类可以派生出子类，继承能避免共同行为的重复。

(4)对象之间通过传递消息进行联系。

1.1.3 结构化方法和面向对象方法的比较

软件开发的过程就是人们使用各种计算机语言将现实世界的问题翻译到计算机世界的过程，如图 1-3 所示。

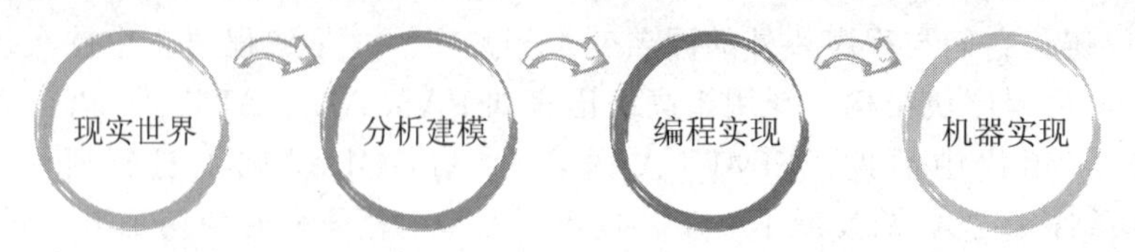

图 1-3 软件开发的过程

结构化方法的编程思想是自顶向下、逐步求精，按系统的功能进行模块化设计，将一个复杂和完整的系统按功能分解成小的模块，模块内由顺序、分支和循环等基本控制结构组成，各模块的功能由子程序进行实现，如图 1-4 所示。

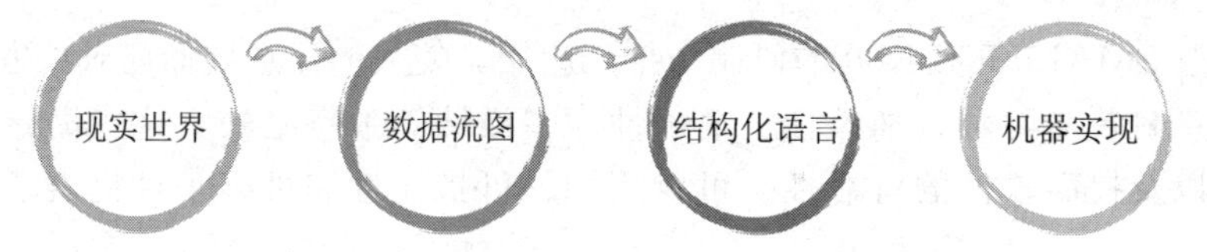

图 1-4 结构化方法的编程思想

从程序结构上，人们常常使用以下公式来表述面向过程的结构化程序。

面向过程程序＝算法＋数据结构

面向对象方法的思想是通过模拟人类日常的逻辑思维来认识、理解和描述系统，它将系统中的事物进行抽象、分类、封装和继承。通过抽象出来的类之间的行为关系来确定整个系统的联系，并在系统中实例化需要的对象，如图 1-5 所示。

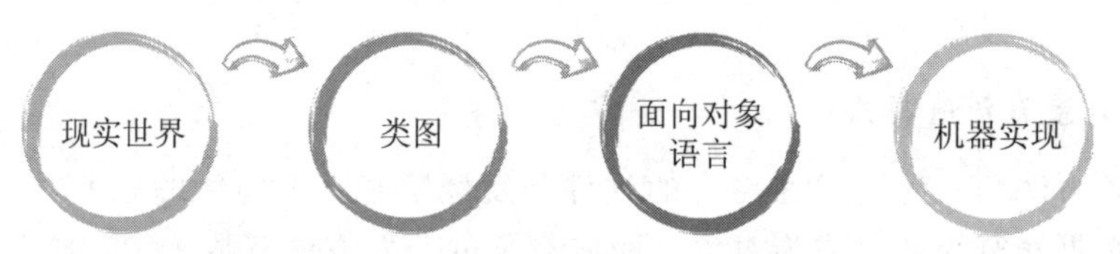

图 1-5 面向对象方法的思想

从程序结构上，人们常常使用以下公式来表述面向对象的程序。

面向对象程序＝(对象＋对象＋…)＋消息

1.1.4 软件开发方法的评价与选择

计算机软件发展至今，衍生了很多方法，各具特点。但是，在实际软件开发中应选择使用哪种方法合适，这就涉及开发方法的比较和择优选择。通常情况下，要从用户待开发项目的实际情况、开发人员所具备的素质以及掌握的 CASE 工具等几个主要方面进行综合考虑，选择不同的软件开发方法，确保项目以经济、快捷的方式完成。具体来说，选择一种合适的开发方法，应综合考虑以下几个方面因素。

(1)人员素质。综合考虑开发人员的基本素质及经验阅历。

(2)时间进度。根据开发项目的时间进度安排和人员配备进行选择。

(3)环境资源。环境资源状况，考查现有的软、硬件环境以及是否可以使用CASE工具等。

(4)可行性。进行可行性研究，从计划、组织、管理各个环节综合考虑。

(5)领域知识。是否了解待开发项目领域内的相关知识及其背景。

在给定成本、进度的前提下，挑选一个合适的软件开发方法至关重要。如何具体评价所选的软件开发方法呢？一般来说，可以从4个方面的特征进行评价：

(1)技术特征。所选开发方法是否具有某些技术特征，如层次性、信息隐蔽性、并行性、安全性、正确性、一致性、可验证性、数据抽象和过程抽象等。

(2)使用特征。将所选开发方法应用于具体开发时的有关特色，如易理解性、可靠性、可维护性、可复用性、可适应性、可移植性、可追踪性、可互操作性、可修改性及工具支持等。

(3)管理特征。所选开发方法是否能增强软件开发活动的管理能力，如对开发过程各阶段的划分确定、易管理性、支持团队开发和费用估算等。

(4)经济特征。所选开发方法能否使开发部门的生产力和软件质量得到提高，产生经济效益，如局部效益、全生存周期效益、获得该方法的代价、该方法的使用代价和管理代价等。

1.2 面向对象的基本概念

1.2.1 对象

客观世界中的事物都是对象，对象间存在一定的关系。一本书、一个人、一家图书馆都可以被看作一个对象，它不仅能表示有形的实体，也能表示无形的规则、计划或事件。

用对象的属性表示事物的数据特征，用对象的操作表示事物的行为特征。对象把它的属性和操作结合在一起，成为一个独立的、不可分的实体，并对外屏蔽它的内部细节。从程序设计者角度来看，对象是一个程序模块；从用户角度来看，对象为他们提供所希望的功能。

【示例】

对象：一个人。

属性：这个人的姓名、年龄、性别、联系方式等特征。

操作：这个人的学习、锻炼等行为。

1.2.2 类

类是对象的抽象，也可以理解为类是对象的模板，即类是对一组有相同数据和相同操作的对象的定义。对象是类的具体化，也可以理解为对象是类的实例。类可以有子类，形成类层次结构。

为了表示一组事物的本质，人们往往采用抽象的方法将众多事物归纳、划分成一些类。例如，人们常说的“人”“车”就是一种抽象表示。因为现实世界中只有具体的人，如“张三”“李四”等。把所有国籍为中国的人再归纳为一个整体，称为“中国人”，也是一种抽象。

所谓的抽象过程，就是将有关事物的共性进行归纳、集中的过程。依据抽象原则进行分类，即忽略事物的非本质特征，只注意那些与当前目标有关的本质特征，从而找出事物的共性，把具有共同性质的事物划分成为一类，所得出的抽象概念即称为类。

1.2.3 消息

在面向对象系统中，要实现对象之间的通信和任务传递，采用的方法是消息传递。由于在面向对象系统中，各个对象各司其职、相互独立，要使得对象之间不是孤立存在的，就需要通过消息传递来使其之间发生相互作用。通过对象之间发送消息、响应消息协同工作，进而实现系统的各种功能。

1.3 面向对象的主要特征

下面将以“银行业务”情景为例，介绍抽象、封装、继承、多态。

1.3.1 抽象

抽象是指从事物中舍弃个别的、非本质的特征，而抽取共同的、本质的特征的思维方式。

【情景示例】

虽然银行很多，但人们从它们的共性和本质可以发现，银行都有存款、取款业务，只是不同类型的银行具有其独有的业务，如政策性银行、商业银行、投资银行等，它们的职责各不相同。在操作时，这些业务其实就是一个个接口，不管面对的是哪家具体银行，只要是同一类型的银行，都可以进行相同的业务办理。

1.3.2 封装

封装是一种信息隐蔽技术，它将数据和加工该数据的方法(函数)封装为一个整体，以实现独立性很强的模块，使用户只能看到对象的外特征，而对象的内特征对用户是隐蔽的。封装的目的在于把对象的设计者和对象的使用者分开，使用者不需要知道行为的实现细节，只需要通过设计者提供的消息来访问该对象。

【情景示例】

一般来说，人们对银行的印象就是一排业务窗口，可以办理各种业务，而事实上人们也知道，其实银行结构非常复杂，但人们并不关注它内部是怎么运作的，只关注到哪个窗口可以办理他们需要的业务就够了。

1.3.3 继承

继承是子类自动共享父类数据和方法的机制，它由类的派生功能体现。子类直接继承父类的全部描述，同时还可以修改和扩充。

【情景示例】

刚刚提到了银行有两种最基本的业务：存款和取款。但大家都知道，大部分的银行不止这两种业务，还有很多其他业务，如投资理财、对公业务等。如果将只含有存取款业务的银行看作父类，那么后来的银行，如投资银行就可以看作子类，它继承了基本银行的存取款业务后，还新增了投资理财业务。有些银行甚至会重写基本的存取款功能，让自己和基本银行的业务有一定的区别。

1.3.4 多态

对象根据所接收的消息会产生行动，同一消息为不同的对象接收时会产生完全不同的行动，这种现象称为多态。

【情景示例】

我去一家银行存款，我不知道这家银行存款业务是否和其他家一样，是否和基本银行(父类)一样，总之，我办理了存款业务。这种外部直接调用一个方法接口，然后具体实现的内容由处理的类来决定使用父类或者子类的方法，称为运行时多态。

再如，同样是存款业务，如果拿着人民币和拿着美元去银行办理存款业务，实际上银行处理的方式是不一样的。这种办理同一种业务，由于给予内容不一样，而导致操作不一样，称为编译多态，也称为函数的重载。

小白问答

问：对于初学者来说，如何理解面向对象方法应用于系统开发的优越性？

答：面向对象方法的基本思想是从现实世界客观存在的事物(对象)出发，尽可能地运用人类的自然思维方式来构造软件系统。它强调运用人类在日常的逻辑思维中经常采用的思想方法与原则，如抽象、分类、封装、继承等，使软件开发者以现实世界中的事物为中心来思考和认识问题，并用人们易于理解的方式表达出来。目前，面向对象已成为软件工程技术体系中最具发展潜力的重要方法，它的优越性概括如下。

(1)使人们更好地认识客观世界。

面向对象方法是依据人们传统的思维方式，对客观世界建立的软件模型，它有利于人们对问题的沟通和对系统的理解。它以系统实体作为基础，将实体的属性和操作封装成对象，并在分析、设计、实现等各个阶段都能将结果直接映射到系统的实体上，这样，更容易被人们理解并接受。此外，面向对象方法在系统分析、设计阶段采用同样的图形表示形式，分析、设计、实现都以对象为基础，因此，在面向对象软件开发的各个阶段之间能更好地无缝连接。

（2）能更好地适应需求变化。

由于客观世界的实体是不变的，实体之间的联系基本上也是稳定的，因此，面向对象开发方法在对应需求变化上是随着用户的需求变化而做相应的改变。系统的总体结构相对比较稳定，所以变化主要集中在对象的属性、操作以及对象之间的消息通信上，由于面向对象方法的封装机制使开发人员可以将稳定的部分（对象）作为构造系统的基本单位，而将容易变化的部分（属性和操作）封装在对象内，对象之间通过接口进行联系，使得需求变化的影响尽量被限制在对象内。

（3）容易实现软件复用。

在面向对象方法中，对象所具有的封装、继承等特征，使得它较容易实现软件复用。例如，在一个应用系统中，不同的类之间会有一些相同的属性和操作，利用类可以派生出新类，类可以产生实例对象的继承机制，可以实现公共属性和操作的复用。而在不同的应用系统中，同样也有很多相同的属性和操作，在开发一个新系统时，就可以利用在开发其他系统时产生的某些类（构件），作为新系统的组成部分，从而实现软件复用。另外，面向对象程序设计语言的开发环境中定义的系统动态链接库，提供了公共使用的程序代码，也能实现软件复用。

（4）系统易于维护和修改。

面向对象系统由对象组成，对象封装了属性和操作，是一个独立的单元。对象的封装性使得对象之间的联系通过传递消息进行，使用者只能通过接口访问对象，系统是模块化的体系结构。系统各个对象的接口确定后，可以分配给不同的开发人员负责具体开发、实现，最后按照规定的接口组装成一个完整的系统，如果系统出现错误，只要对导致系统产生错误的对象进行修改即可，不至于对整个系统进行修改。

问：面向对象系统开发过程的各个阶段主要负责什么工作？

答：面向对象系统开发过程主要由需求分析阶段、系统分析阶段、系统设计阶段以及系统实现、测试、维护阶段组成。

（1）需求分析阶段。分析系统的业务范围、业务规则和业务处理过程，明确系统的范围、边界和责任，确定系统需求。在该阶段，软件开发人员与客户进行沟通，了解客户的基本需求（要求、想法、期望）。而事实上，开发人员应该意识到，客户提出的需求会随时变化，对于客户的需求，不应该将它直接作为系统需求，可以与问题域专家进一步进行开发和探讨，从而发掘最本质的需求，确定系统需求，构造需求模型。

（2）系统分析阶段。根据需求分析阶段建立的需求模型，分析系统的静态结构和动态行为，建立静态模型和动态模型。

（3）系统设计阶段。在系统分析阶段建立的静态模型和动态模型的基础上，将分析阶段的结果扩展成技术解决方案，包括体系结构设计、数据结构设计、用户界面设计、算法设计等。

（4）系统实现、测试、维护阶段。选择合适的程序设计语言编码实现系统设计，对编写完的程序进行测试、编写用户使用手册并进行系统安装，对系统进行定期维护，发现、修改错误，进行局部功能调整与完善以适应用户最新的需求。

习 题

一、选择题

1. 封装是指将对象的(　　)结合在一起，组成一个独立的对象。

A. 属性和操作　　B. 信息流　　C. 消息和事件　　D. 数据的集合

2. 封装是一种(　　)技术，目的是使对象的生产者和使用者分离，使对象的定义和实现分开。

A. 工程化　　B. 软件开发　　C. 信息隐蔽　　D. 产生对象

3. 面向对象方法中的(　　)机制使子类可以自动拥有(复制)父类的全部属性和操作。

A. 抽象　　B. 封装　　C. 继承　　D. 多态

4. 在多个类中能够定义同一个属性名和操作，并在每一个类中有不同实现的一种方法是(　　)。

A. 继承　　B. 多态　　C. 封装　　D. 接口

5. 下列选项中不属于面向对象优势之一的是(　　)。

A. 复用性强　　B. 系统易于维护和修改

C. 适应需求变化　　D. 软件的执行效率更高

6.“了解问题域所涉及的对象以及对象之间的关系，然后构造问题域的对象模型”，这是利用面向对象方法进行系统开发过程中(　　)阶段的任务。

A. OOA　　B. OOD　　C. OOI　　D. OOT

二、填空题

1. 对象都应该具有两个基本要素，即________和________。

2. 面向对象软件开发的方法包含________、________、________、________和面向对象系统维护(OOSM)5个方面的内容。

第 2 章　可视化建模技术

统一建模语言(Unified Modeling Language，UML)是由面向对象领域的 3 位著名的方法学家 Grady Booch、James Rumbaugh 和 Ivar Jacobson 提出的，并由对象管理组织(Object Management Group，OMG)采纳作为业界标准。UML 的应用领域非常广泛，它可应用于商业建模，也可应用于其他类型的建模。它是一种通用的建模语言，具有创建系统的静态结构和动态行为等多种模型的能力，是面向对象技术领域内占主导地位的标准建模语言。本章内容主要包括：可视化建模基础、UML 概述、UML 的发展历程、UML 的结构、UML 建模工具。

本章学习目标

- 了解可视化建模的目的和基本原则
- 了解 UML 的概念、特征和发展历程。
- 掌握 UML 的结构：事物、关系、图。
- 了解常用的建模工具。
- 掌握 StarUML 的安装和使用。

2.1　可视化建模基础

2.1.1　软件建模的目的

1. 什么是模型

模型是对现实存在的实体的抽象和简化，模型提供了系统的蓝图，如图 2-1 所示，大家在购买房子时所看到的楼盘的缩影形状就是对应楼盘的模型。而可视化建模就是以图形的方式从不同视角描述所开发系统的过程。软件系统的模型用建模语言表达(如 UML)，本文所提的建模都是指可视化建模。

图 2-1　模型示例

2. 为什么要建模

设计一个软件的模型就像建造一栋大楼需要蓝图一样重要。如果将软件开发比作建筑设计，其过程也必须将需求、分析、设计、实现、部署等各项工作流程的构想与结果予以呈现。当今的软件越来越大，大多数软件功能都很复杂，使得软件开发也变得更加复杂和难以把握，解决这类复杂问题最有效的方法之一就是采用分层，即将复杂问题分为多个问题逐一解决。软件模型就是对复杂问题进行分层，从而更好地解决问题，这就是为什么要对软件进行建模的原因。

3. 软件建模的目的

总而言之，为什么要建模？一个最基本的理由就是为了能够更好地理解正在开发的系统。因此，通过建模，要达成以下4个目的。

(1)模型有助于按照实际情况或按照所需要的样式对系统进行可视化，便于开发人员展现系统，使开发人员和客户能更好地进行沟通。

(2)模型能够规约系统的结构和行为。

(3)模型给出了指导构造系统的模板。

(4)模型记录开发人员的决策，对开发人员做出的决策进行文档化，以便以后参考和使用。

建模并不只是针对大型系统或者复杂系统，甚至像“计算器”这样一个很简单的软件，建模同样也很重要。然而，可以明确的是，系统规模越大，模型的重要性就越高。当人们不能完整而准确地理解一个复杂的系统时，通过建模，可以将一个复杂的系统分解成一系列易于理解的小的组成部分，分而治之。

2.1.2 软件建模的基本原则

软件建模的基本原则如下。

(1)选择合适的模型。选择建立怎样的模型对如何发现和解决问题具有重要的影响，正确的模型将清楚地表明开发中的问题，为后续的开发提供准确的参考和指导，而错误的模型将使开发人员误入歧途，将精力花在不相关的问题上。

(2)模型具有不同的精确程度。面向不同的用户可提供不同抽象层次的模型。有的模型需要快速简洁地整体呈现，有的模型则需要描述每一个细节。

(3)最好的模型是与现实世界相关联的。模型是对现实世界的简化，但最关键的是简化不能忽略掉任何重要的细节。

(4)单个模型或视图是不充分的，需要从多个视角创建不同的模型。为了理解系统，经常需要几个互补或连锁的视图，例如，用例视图描述系统需求、逻辑视图描述软件内部设计逻辑等，这些视图从整体上描绘了软件蓝图。

2.2 UML概述

UML，译为统一建模语言，是一种面向对象的可视化建模语言，它能够让系统构造者用标准的、易于理解的方式建立起能够表达他们设计思想的系统蓝图，并且提供一种机制，以便于人们有效地交流和共享设计成果。

UML是对象管理组织制定的一个通用的、可视化的建模语言标准，可以用来可视化、描述、构造和文档化软件密集型系统的各类工件。

UML具有以下特点。

(1)统一标准。UML统一了各种方法对不同类型系统、不同开发阶段以及不同内部概念的不同观点，从而有效地消除了各种建模语言之间不必要的差异。它是一种通用建模语言，可以被使用面向对象建模的用户使用。

(2)面向对象。UML吸取了面向对象技术领域中其他流派的长处，UML建模能力比其他面向对象建模方法更强。

(3)可视化、表达能力强。系统的需求模型、静态模型、动态模型、物理模型都能使用UML清晰地表示。它不仅适合一般系统的建模，而且适合分布式系统的建模。

(4)独立于过程。UML是一种建模语言，它不是程序设计语言，它不是过程，也不是方法，但允许任何一种过程和方法使用它。

(5)易掌握、易用。由于UML的概念明确，建模方法简洁明了、图形结构清晰，易于掌握使用。

2.3 UML的发展历程

UML是第三代用来为面向对象系统的产品进行说明、可视化和编制文档的方法，它是由信息系统和面向对象领域的3位著名的方法学家Grady Booch、James Rumbaugh和Ivar Jacobson在20世纪90年代中期提出的，并由对象管理组织采纳作为业界标准。目前，UML已成为信息技术的国际标准。

UML的发展历程如图2-2所示。

自1997年UML被OMG采纳为面向对象的建模语言的国际标准以来，它不断融入软件工程领域的新思想、新方法和新技术。UML不局限于支持面向对象的分析与设计，还支持从需求分析开始的软件开发的全过程。近年来，UML凭借其简洁明了的表达方式、易于理解的表达能力，为业界所广泛认同。目前，在大多数软件企业的正规化开发流程中，开发人员普遍使用UML进行模型的创建。作为软件开发人员必须掌握UML，因为UML就像是统一的“文字”，它所构建的模型，是开发人员和用户沟通的桥梁，同时也是开发人员进行后续软件开发的基础。

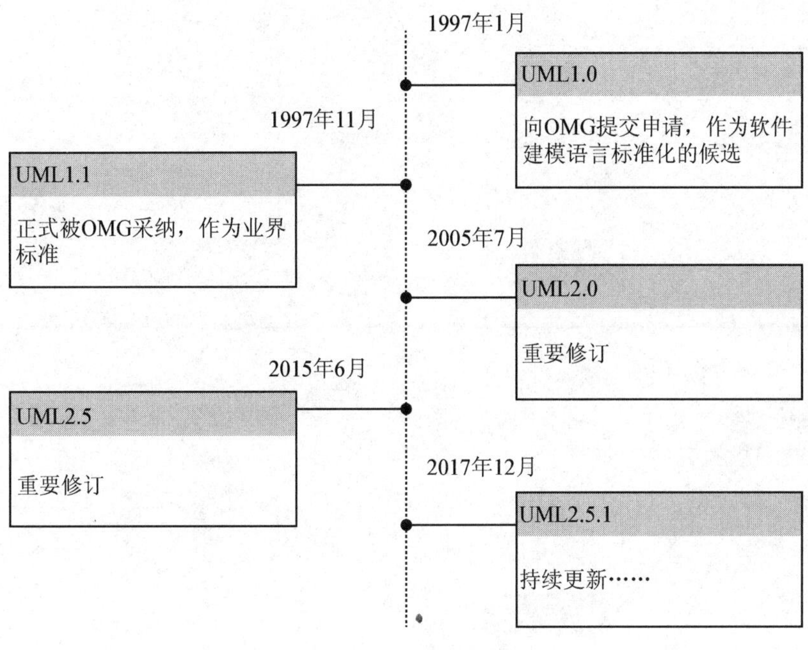

图 2-2 UML 的发展历程

2.4 UML 的结构

UML 主要包括 3 个基本构造块，分别是事物(Things)、关系(Relationships)和图(Diagrams)，如图 2-3 所示。UML 的图是本书的重点，本章只做简单介绍，后续章节会以“网上购物商城”为例进行详细介绍。

2.4.1 事物

在 UML 中，事物是构成模型图的主要构造块，它们代表了一些面向对象的基本概念，它们是实体抽象化的最终结果，是模型中的基本成员。UML 的事物主要包含以下 4 种：结构事物(Structure Things)、行为事物(Behavior Things)、分组事物(Grouping Things)和注释事物(Annotation Things)。UML 中各事物的名称及其对应的图形表示法如表 2-1 所示。

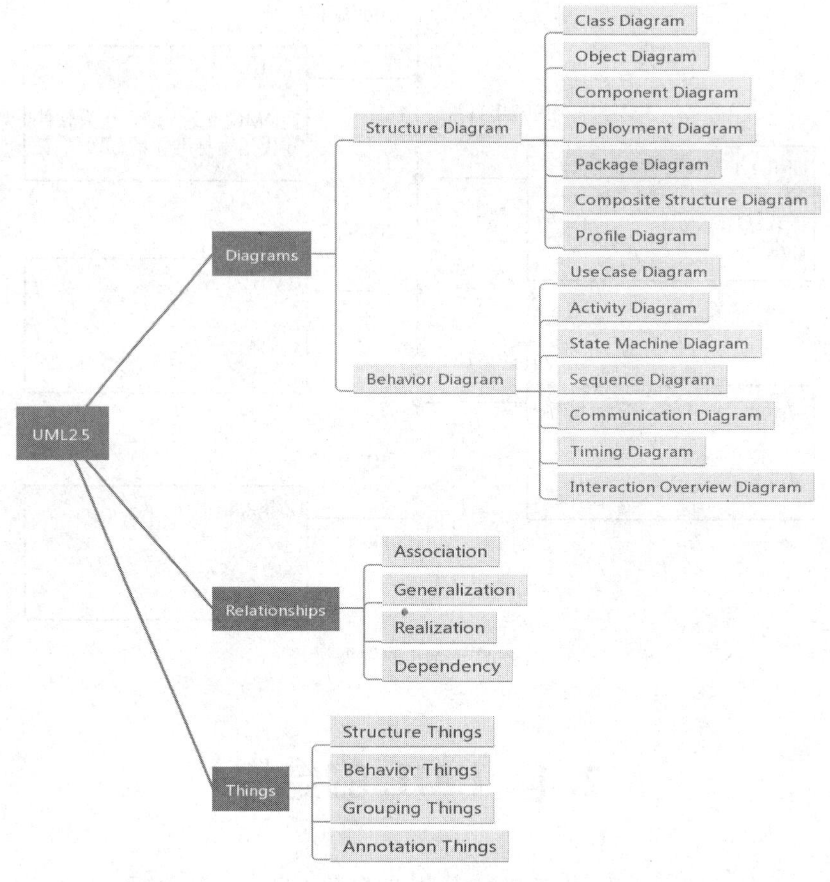

图 2-3 UML 结构图

表 2-1 UML 事物表示法

序号	名称	表示法	所属类别
1	类(Class)	Class	结构事物
2	接口(Interface)	Interface	
3	协作(Collaboration)	Collaboration	
4	用例(Use Case)	Use Case	
5	组件(Component)	Component	

续表

序号	名称	表示法	所属类别
6	节点(Node)	Node	结构事物
7	状态机(State Machine)	State	行为事物
8	交互(Interaction)	→	
9	包(Package)	Package	分组事物
10	注释(Annotation)		注释事物

1. 结构事物

结构事物是 UML 模型中的静态部分，用于描述概念元素或物理元素，是软件建模中最常见的元素。常见的结构事物主要有以下 7 种。

(1)类。

类是具有相同属性、操作、语义和关系的一组对象的集合，一个类可以实现一个或多个接口。在 UML 图中，类使用包含类名、类的属性、类的操作的矩形框来表示。

(2)接口。

接口是类或组件所提供的服务(可以完成特定功能的一组操作的集合)。接口描述了类或组件对外的、可见的动作，一个类可以实现一个或多个接口。在 UML 图中，接口可以使用一个圆形来表示，也可以使用和类一样的矩形来表示，使用构造型≪interface≫与类做区分。

(3)协作。

协作是一组角色和其他元素一起工作，完成某个特定任务的集合。协作具有结构、行为和维度，一个类或对象可以参与多个协作。在 UML 图中，协作使用一个虚线椭圆来表示。

(4)用例。

用例是系统或部分系统的行为，它描述了系统所执行的动作序列集，并为参与者产生一个可观察的结果值，结果值可反馈给参与者或作为其他用例的参数。在 UML 图中，用例使用一个实线椭圆来表示。

(5)活动类。

活动类是一个类的对象有一个或多个进程或线程的类。在 UML 图中，活动类也是使用矩形框来表示，只是最外面的边框使用粗线。

(6)组件。

组件是一个封装完好的，并定义了明确接口的物理实现单元。在 UML 图中，组件使用带两个小矩形的矩形框来表示。

(7)节点。

节点是运行时的物理对象，代表一个计算资源。在 UML 图中，节点使用一个立方体来表示。

2. 行为事物

行为事物也称为动作事物，是 UML 模型中的动态部分，用于描述 UML 模型中的动态元素，代表语句里的“动词”，表示模型中随着时空不断变化的部分，主要为静态元素之间产生的时间和空间上的行为动作。常见的行为事物主要有以下两种。

(1)交互。

交互是在特定的上下文中，一组对象为完成一个任务而进行的一系列消息呼唤所组成的动作。交互包括消息、动作序列和链接。在 UML 图中，消息使用带箭头的直线来表示，源自消息发出者，指向消息接收者，箭头上方标出操作名。

(2)状态机。

状态机定义了对象或行为在生命周期内的状态转移规则。状态机中包含状态、转移、事件(条件)以及活动。在 UML 图中，状态机使用圆角矩形来表示，包含状态名。

3. 分组事物

分组事物也称为组织事物，是 UML 模型中的分组部分，组织事物只有一种，称为包。包是一种有组织的将一系列元素分组的机制，在 UML 图中，包使用一个类似文件夹的图标来表示。

4. 注释事物

注释事物是 UML 模型中的解释部分，这些注释事物用来描述、说明和标注模型的任何元素，即对 UML 中元素的注释。注释元素使用一个右上角折起来的矩形表示，解释文字标在矩形中。

2.4.2 关系

在 UML 中定义了以下 4 种关系，如图 2-4 所示。

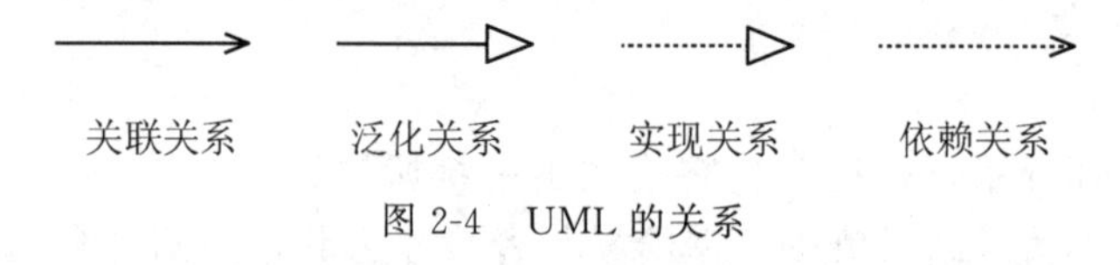

图 2-4 UML 的关系

1. 关联关系

关联关系(Association)表示两个事物之间存在的某种语义上的联系，它是一种结构关系，它指明了一种事物的对象与另一种事物的对象之间的联系，即“从一个对象可以访问到另一个对象”。如果两个对象之间可以相互访问，那么这是一个双向关联；否则，称为单向关联。关联中还有特殊的情况，是表示整体和部分关系的聚合和组合，这在后面的章节中将做详细讲解。

2. 泛化关系

泛化关系(Generalization)也称为继承关系，表示事物之间一般和特殊的关系。

3. 实现关系

实现关系(Realization)描述规格说明和其实现的元素之间的连接的一种关系。其中，规格说明定义了行为的说明，真正的实现由后一个模型元素来完成。实现关系一般用于两种情况：接口和实现接口的类或组件之间，以及用例和实现它们的协作之间。

4. 依赖关系

依赖关系(Dependency)表示一个事物发生变化会影响另一个事物。

这 4 种关系是 UML 模型中包含的最基本的关系，它们可以扩展和变形。例如，关联关系可以扩展为聚合、组合两种特殊的关系；依赖则有导入、包含、扩展等多种关系。这些关系的具体内容将在后面的章节做详细讲解。

2.4.3 图

UML 的图是模型元素的符号化，是 UML 模型的重要组成部分，下面以 UML 2.5 版本作为规范，介绍 UML 图的分类。UML 2.5 规范定义了两种主要的 UML 图：结构图(Structure Diagram)和行为图(Behaviour Diagram)，如图 2-5 所示。

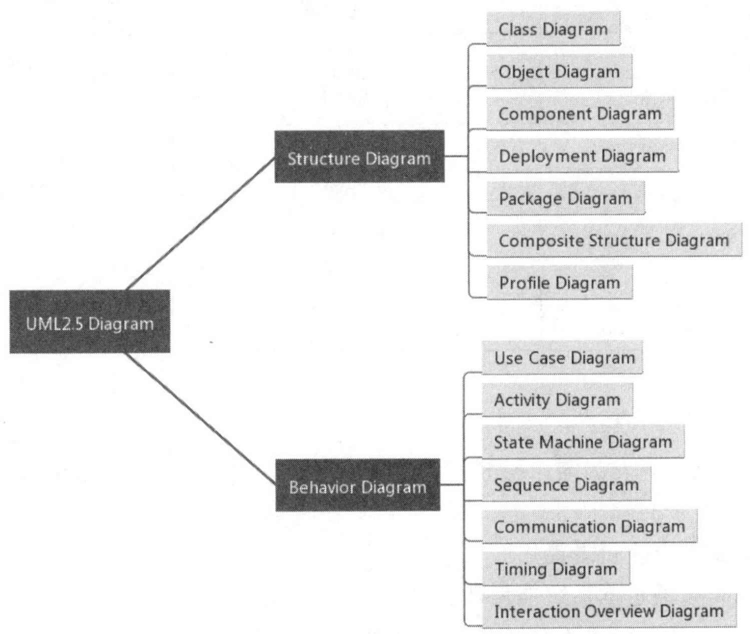

图 2-5　UML 2.5 图

结构图是捕获事物与事物之间的静态关系，用来描述系统的静态结构模型。在 UML 2.5 版本中，结构图主要有类图、对象图、组件图、部署图、包图、组合结构图、配置文件图。

行为图是捕获事物在交互过程中如何产生系统的行为，用来描述系统的动态行为模型。在 UML 2.5 版本中，行为图主要有用例图、活动图、状态机图、顺序图、通信图、时间图、交互概览图。

本书主要从 4 个方面介绍 UML 图中常用的 9 种图，下面先对这 9 种图做简单介绍，本书第 2 篇会以“网上购物商城”为例做详细介绍。

(1)需求建模：用例图。

(2)静态建模：类图、对象图。

(3)动态建模：顺序图、通信图、活动图、状态图。

(4)物理建模：组件图、部署图。

在许多 CASE 工具中，UML 的图形符号是用英文表示的，UML 图的中英文对照如表 2-2 所示。

表 2-2　UML 图中英文对照表

英文名称	中文名称	备注
Class Diagram	类图	结构图
Object Diagram	对象图	
Component Diagram	组件图	
Deployment Diagram	部署图	
Package Diagram	包图	
Composite Structure Diagram	组合结构图	
Profile Diagram	配置文件图	
Use Case Diagram	用例图	行为图
Activity Diagram	活动图	
State Machine Diagram	状态机图	
Sequence Diagram	顺序图	
Communication Diagram	通信图	
Timing Diagram	时间图	
Interaction Overview Diagram	交互概览图	

1. 用例图

用例图是在软件开发的需求分析阶段中用于描述系统需求的图形化语言，用例图主要用来回答以下两个问题。

(1)本系统被什么执行者使用?

(2)每种执行者通过本系统能做什么事情?

其中，参与者(角色)是人形的图标，表达本系统被什么执行者使用；用例是一个椭圆形的图标，表达每种执行者通过本系统能做什么事情；连接参与者和用例之间的是关联关系，后续还会介绍到更多的关系。因此，用例图主要由参与者、用例以及描述它们之间的关系组成，如图 2-6 所示。

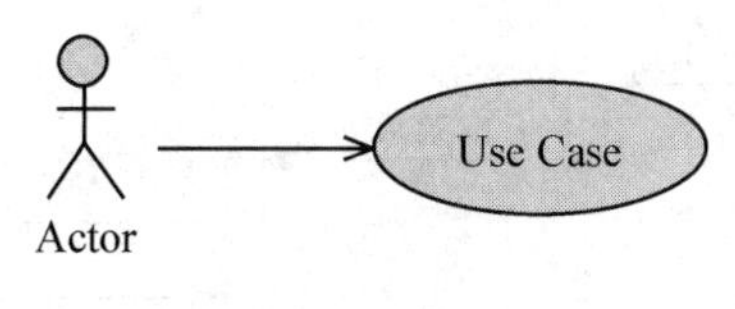

图 2-6 用例图

用例图主要应用于以下领域。

(1)决定需求。通过用例图描述系统的功能，确定系统需求。

(2)客户通信。通过用例图在开发人员与客户之间进行沟通。

(3)产生测试用例。一个用例场景可能产生这些场景的一系列测试用例。

2. 类图

类图是用来描述软件系统中的类以及类之间的关系的一种图示，类图是构建其他图的基础，如图 2-7 所示。在 UML 中，主要有 3 种类图：边界类、控制类和实体类。

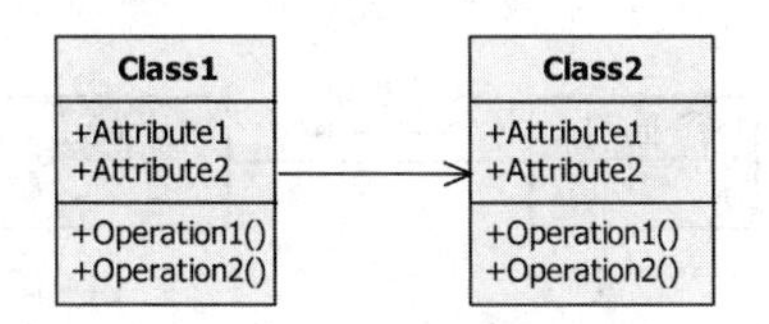

图 2-7 类图

在类图中，类用矩形框表示，它的名称、属性和操作分别列在 3 个分格中。其中，类名是不可省略的，而其他部分可以省略。类之间常见的关系有关联关系、泛化关系、依赖关系和实现关系，关系用类框之间的连线表示，不同的关系有不同的表示方式，具体内容会在后面章节做详细介绍。

3. 对象图

对象是类的实例，对象图则表示在某一时刻这些类的具体实例之间的关系。所以，在 UML 中，对象图中的概念和类图中的概念一致。对象图可以用来帮助人们理解比较复杂的类图，也可以用于显示类图中的对象在某一时刻的连接关系。

4. 顺序图

顺序图描述了对象之间是如何交互的，并将重点放在消息的序列上，描述消息如何在对象之间发送和接收，并强调消息的时间顺序，如图 2-8 所示。

顺序图将交互关系表示为一个二维图，纵向是时间轴，横向则代表交互中各个对象的角色。对象下方的虚线表示对象的生命线，当对象存在时，对象的生命线用虚线表示，当对象之间发生消息传递时(即发送消息和接收消息)，生命线即处于激活状态，此时，对象的生命线用矩形线条表示。

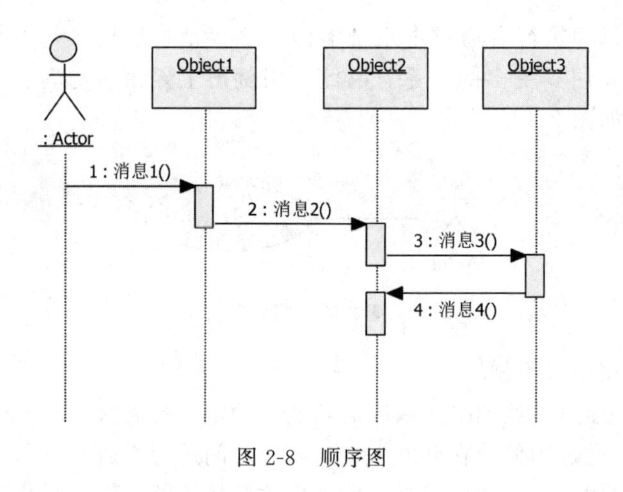

图 2-8　顺序图

5. 通信图

通信图是顺序图之外的另一种表示对象交互的二维图。顺序图和通信图都描述交互，但顺序图强调的是时间，而通信图强调的是空间。通信图强调对象结构的相关信息，如图 2-9 所示。

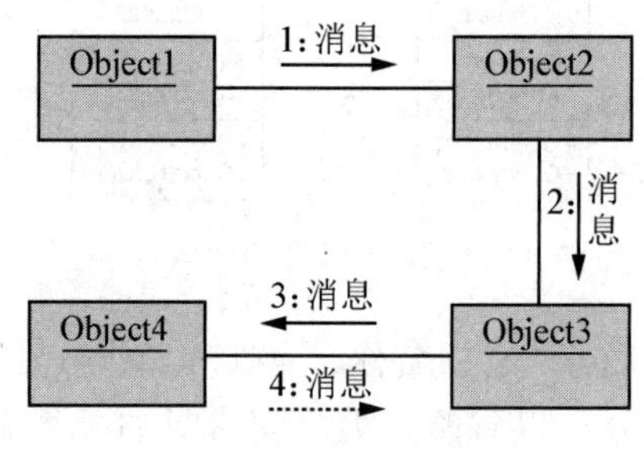

图 2-9　通信图

通信图和对象图的画法一样，图 2-9 中含有若干对象以及它们之间的关系。对象之间的消息用消息箭头表示，消息箭头带有序号和消息名称。开发人员通过通信图可以了解对象之间的协作，也可以跟踪执行流程和消息的变化情况。

6. 活动图

活动图描述业务用例实现的工作流程，业务用例是对业务流程的封装。在 UML 中，使用活动图逐一描述业务用例的内部细节，即详述业务用例，以便客户、最终用户和开发人员理解，如图 2-10 所示。

活动图可以被分解成许多对象泳道，也称为对象分区，通过泳道，可以确定哪些对象负责哪些活动。每个活动都有一个单独的转移连接着其他活动，转移可以分支成两个以上互斥的转移，分支使用菱形表示；转移也可以分解成两个以上的并行活动，并行使用粗线条表示。这些语法都将在后面的应用中详细介绍。

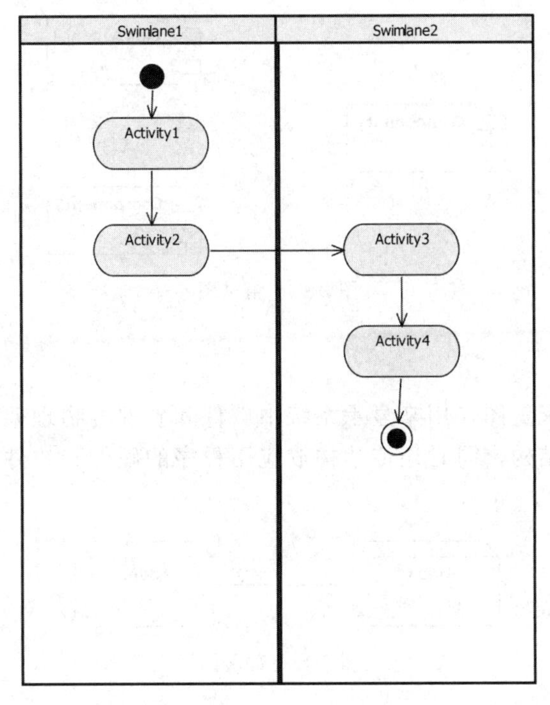

图 2-10 活动图

7. 状态图

状态图是对类所描述的事物的补充说明，它描述了类的所有对象可能具有的状态以及引起状态变化的事件、条件和所发生的操作。并不是对所有的对象都创建状态图，只有当行为的改变和状态有关时才创建状态图，如图 2-11 所示。

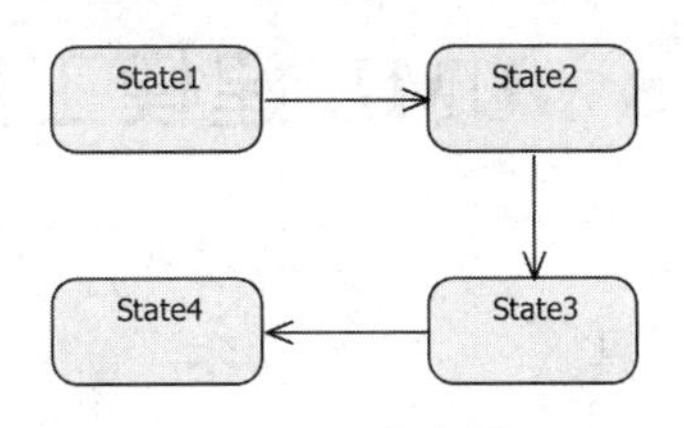

图 2-11 状态图

状态使用圆角矩形表示，此处要特别注意区分它与活动的差别。状态和状态之间使用带箭头的连线来表示转移，触发转移的事件或条件写在箭头的旁边。

8. 组件图

组件图，也称为构件图，用于描述软件组件与组件之间的关系，显示代码的结构。组件是逻辑架构中定义的概念和功能在物理架构中的实现。也可以理解为，组件就是开发环境中的实现文件，如图 2-12 所示。

组件可以是源代码、二进制文件或可执行文件。组件之间存在依赖关系，利用这种依赖关系可以分析一个组件的变化会给其他的组件带来怎样的影响。

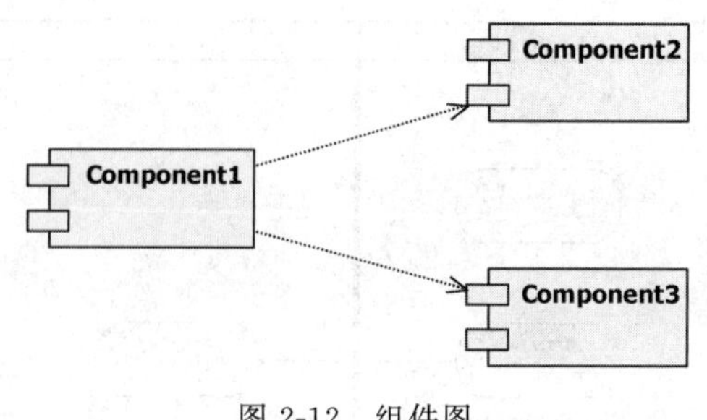

图 2-12　组件图

9. 部署图

部署图，也称为配置图，用来显示系统中软件和硬件的物理架构。使用部署图，可以显示运行时系统的结构，同时还传达构成应用程序的硬件和软件元素的配置和部署方式，如图 2-13 所示。

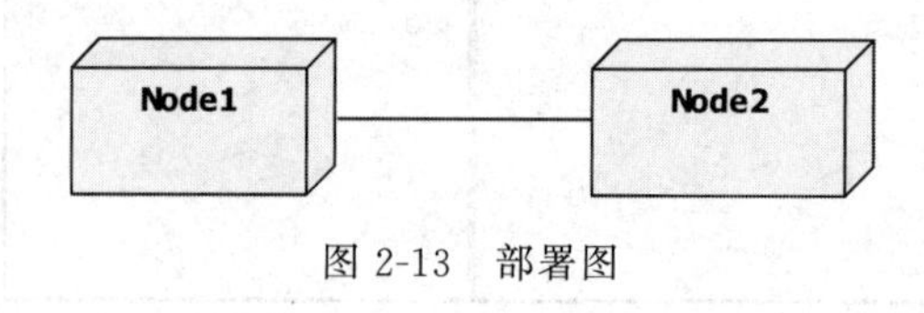

图 2-13　部署图

部署图通常包含两种元素：节点和关联关系。节点指运行时的物理对象，代表一个计算资源。而关联关系则表示节点之间的通信路径，一般使用通信机制、物理媒介和软件协议来描述。

以上这些 UML 图的具体组成和应用，将在第 3～第 6 章做详细介绍，在此就不再重点阐述了。

2.5　UML 建模工具

2.5.1　常用的 UML 建模工具

使用建模语言需要相应的工具支持，因为模型中很多图的维护、同步和一致性检查等工作，采用人工处理几乎是不可能的。

随着统一建模语言 UML 的发布，建模工具(又称为 CASE 工具)也越来越多，如何评价一个 CASE 工具是否值得使用，可以从以下几个方面进行评价，一个现代的 CASE 工具应提供如下功能。

(1)画图。CASE 工具必须提供方便的可视化图形工具，具备基本的智能识别能力。这样，当建模者在建模过程中出现错误或失误使用模型元素时，工具能自动警告或禁止其操作。

(2)积累。CASE 工具必须提供普通的积累功能，以便系统能够将收集到的模型信息存储下来。如果在某个图中改变了某个类的名称，那么这种变化必须能够及时地反射到使用该类的所有其他的图中。

(3)导航。CASE工具应该支持易在模型之间导航的功能。也就是说，使建模者能够简单地从一个图到另一个图跟踪模型元素或扩充对模型元素的描述。

(4)多用户支持。CASE工具提供该功能能使多个用户可以在一个模型上工作，并且彼此之间又没有干扰。

(5)产生代码。一个高级的CASE工具一定要具备产生代码的能力，该功能可以将模型中的信息翻译成代码框架，开发人员可以将代码框架作为实现阶段的基础。

(6)逆转。一个高级的CASE工具一定要有阅读现成代码并按代码产生模型的能力，即代码和模型是一个可互逆的过程。

(7)集成。CASE工具一定要能和其他工具集成，即与开发环境和企业工具等的集成。

(8)覆盖模型的所有抽象层。CASE工具应该能够简单地从对系统的最上层的抽象描述向下导航至最低的代码层。这样，若需要获得类中一个具体操作的代码时，只要在图中单击这个操作的名字即可。

(9)模型互换。模型或来自某个模型中的个别的图，它应该能够从一个工具输出，并可以输入另一个工具。

随着UML的广泛使用，许多公司都开发了相应的建模工具，以支持UML的可视化建模。以下是几种常用的建模工具，如表2-3所示。

表2-3 常用的建模工具

名称	描述
Rational Software Architect	由IBM公司(美国)开发，功能最强大的建模工具，它具备了可视化建模和模型驱动开发的能力，Rational Software的第一个可视化建模工具是Rational Rose
Enterprise Architect	由Sybase(澳大利亚)开发，性价比很高，是目前最流行的UML建模工具，它还包含需求管理、项目估算、测试支持、团队建模支持。利用EA，设计人员可以充分利用13种UML2.0图表的功能
StarUML	由MKLab(韩国)开发，一款开源的UML开发工具，完全免费，不仅免费自由下载，连代码都免费开放，软件小、安装简单、易操作，推荐学生学习使用
Visual Paradigm for UML	由Visual Paradigm(中国香港)开发，支持编写用例规约、文本分析和CRC卡、自定义形状或导入Visio图形，可用性好，图形漂亮
Astah UML	由Change Vision(日本)开发，支持思维导图，可以从思维导图中转换内容到用例图或类图。曾用名：JUDE
Trufun Plato	由西安楚凡科技有限公司(中国)开发，中文的UML建模工具，为中国广大软件开发人员精心创造了UML2.x规范实现产品、数据库建模产品以及企业级MDA产品。目前提供的版本有专业版、免费版、高校UML教学专用版及云端建模平台。其中，推荐使用高校UML教学专用版

续表

名称	描述
Visio	由 Microsoft(美国)开发，一款用于绘图和图表制作的软件，它也对 UML 图形提供了支持，在一些小型的应用中，也可以使用 Visio 进行 UML 建模
PowerDesigner	由 Sybase(澳大利亚)开发，该工具是一个“一站式”的企业级建模及设计解决方案，它能帮助企业快速高效地进行企业应用系统构建及再工程。这是一个针对企业的综合建模和设计工具
EDrow Max	由亿图软件公司(中国)开发，中文名称：亿图图示，亿图内置了完善的图库，是一款功能强大的制作各种应用图形的专业设计软件

说明：

(1)以上软件的具体介绍及下载详见各官方网站。

(2)本书将重点介绍 StarUML 的安装与使用。

2.5.2 StarUML 的安装与使用

StarUML 由 MKLab 开发，是一款开源的 UML 开发工具，其软件小、安装简单、易操作，编者在此推荐学生学习使用。

StarUML 官方下载地址：http://staruml.io/download。

1. StarUML 的安装

(1)双击 StarUML 的安装程序，进入系统安装界面，如图 2-14 所示。

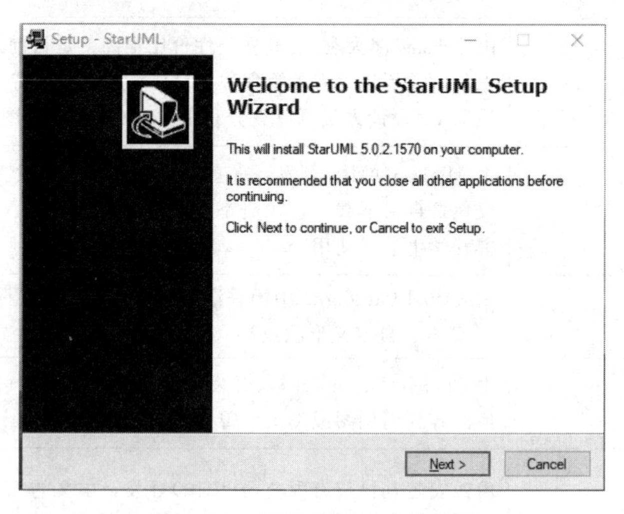

图 2-14　StarUML 系统安装界面

(2)单击“Next”按钮，进入许可协议界面，如图 2-15 所示，选择接受协议条款“I accept the agreement”单选框，再次单击“Next”按钮。

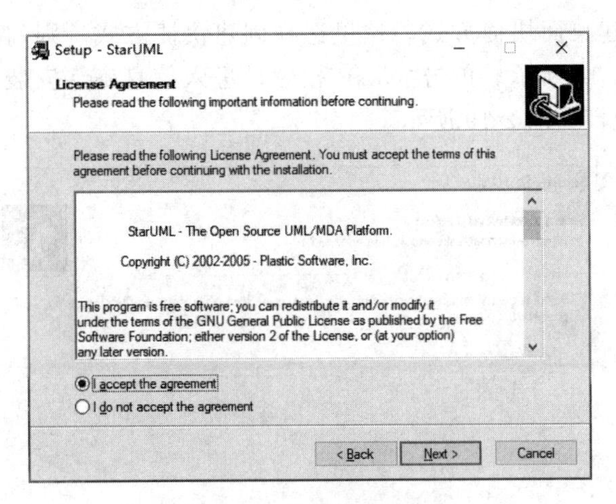

图 2-15　许可协议界面

(3)进入安装位置选择界面，选择文件安装位置，单击“Next”按钮，选择开始菜单文件夹，根据需要选择是否更换位置，再次单击“Next”按钮，如图 2-16 和图 2-17 所示。

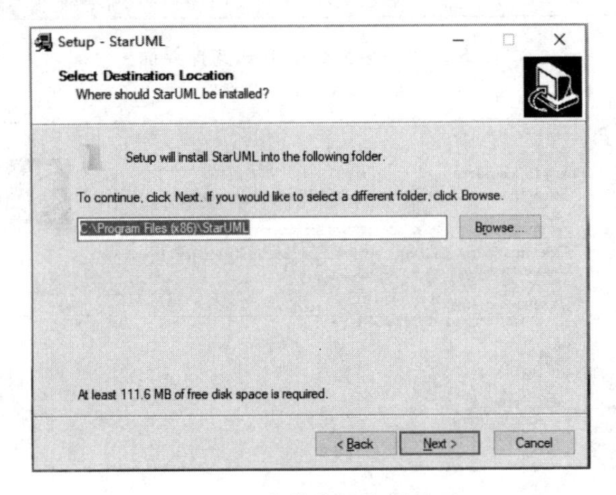

图 2-16　安装位置选择界面

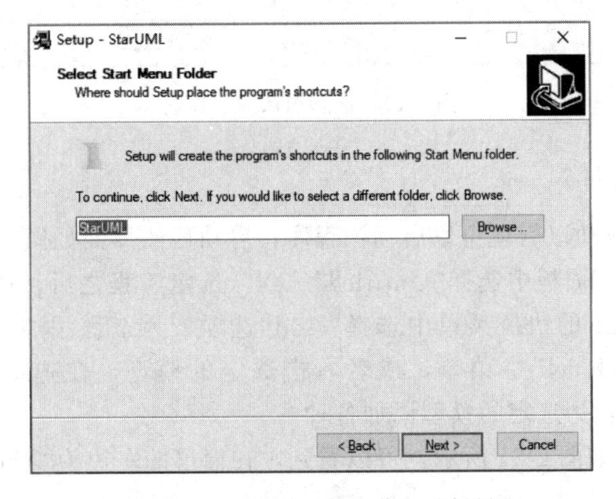

图 2-17　开始菜单文件夹位置选择界面

(4)选择是否创建桌面快捷方式，这里选择创建快捷方式，则勾选“Greate a desktop icon”复选框，如图 2-18 所示。单击“Next”按钮，进入信息确认安装界面，单击“Install”按钮，开始安装系统，如图 2-19 所示。

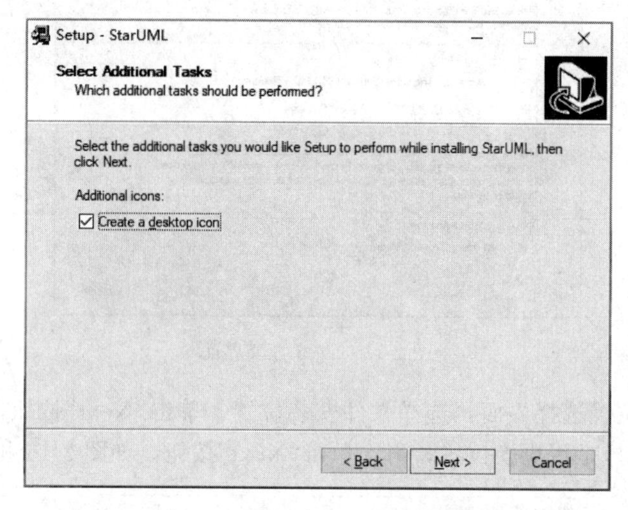

图 2-18　桌面快捷方式选择界面

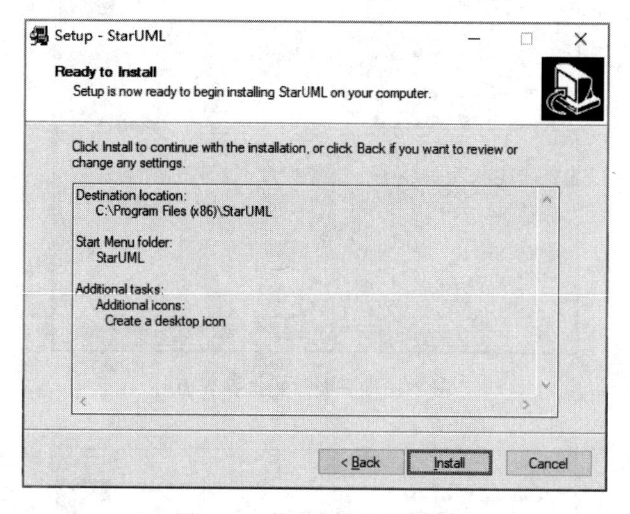

图 2-19　信息确认安装界面

2. StarUML 的使用

StarUML 安装成功以后就可以启动该程序，启动后的界面如图 2-20 所示。在窗口右边的“Model Explorer”面板中选择“Untitled”工程，选定工程之后，通过“Model”主菜单，或者右击工程，在弹出的快捷菜单中选择“Add”选项，为工程添加新模型。选定模型之后，可以再次通过“Model”主菜单，或者右击选定的模型，在弹出的快捷菜单中选择“Add Diagram”选项，为选定的模型添加各种图。

现以类图为例，如图 2-21 所示，可以看到，在窗口的左边为“Toolbox”，其中有创建类图所需的各种图形工具，根据项目实际，选择合适的图形工具进行建模，模型在主区域显示并编辑。完成建模之后，选择“File”→“Save”选项，选择一个位置保存工程即可。

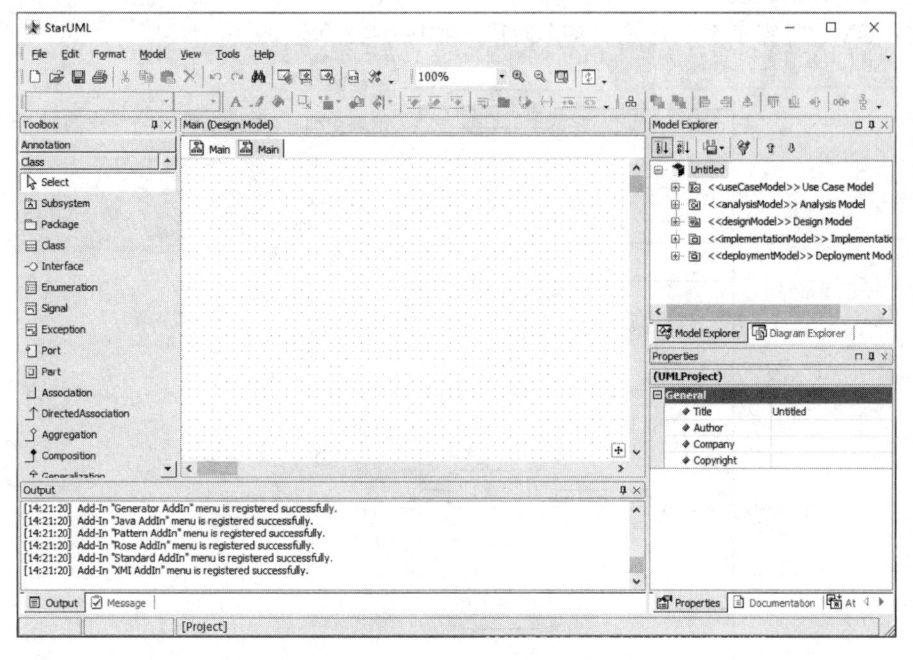

图 2-20 StarUML 启动界面

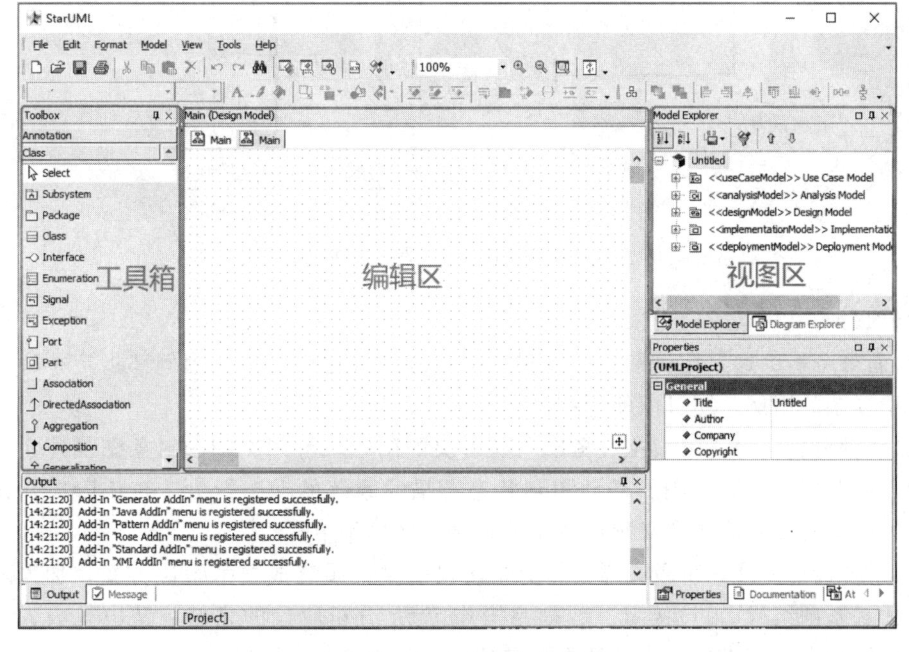

图 2-21 StarUML 界面介绍

小白问答

问：UML 在系统开发过程中如何应用？

答：UML 贯穿于系统开发的各个阶段，如图 2-22 所示。

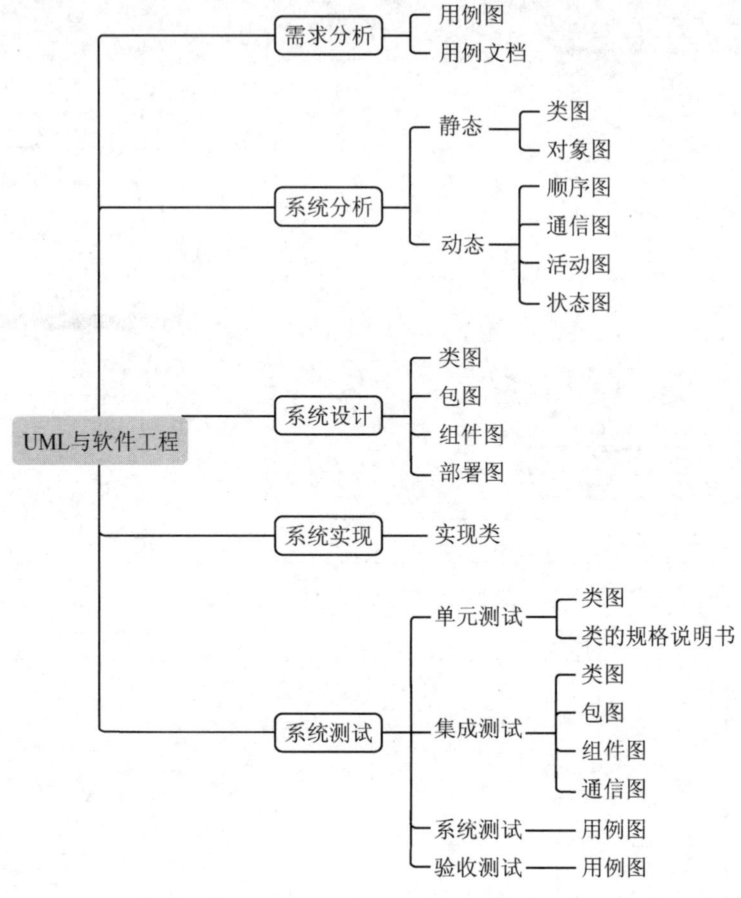

图 2-22　UML 在软件开发过程中的应用

主要归纳为以下 5 个阶段。

(1)需求分析。通过用例图，可以对系统功能进行建模。每个用例都指定了客户的需求，对于复杂的用例，还可以使用用例文档进行描述。

(2)系统分析。分析阶段主要考虑所要解决的问题，可用类图、对象图描述系统的静态结构，用顺序图、通信图、活动图和状态图描述系统的动态行为。在该阶段，只需为问题域的类建模，不需要定义软件系统的解决方案的细节。

(3)系统设计。在该阶段，需要将分析阶段的结果扩展成技术解决方案，加入新的类来提供技术基础结构(用户接口、数据库操作等)。分析阶段的领域问题类被嵌入在这个技术基础结构中，而设计阶段的结果是实现阶段的规格详细说明。

(4)系统实现。在该阶段，需要将设计阶段的类转换成某种面向对象程序设计语言的代码。

(5)系统测试。对系统的测试通常分为单元测试、集成测试、系统测试和验收测试几个不同级别。单元测试是对几个类或一组类的测试，通常由程序员进行；集成测试集成组件和类，确认它们之间是否恰当地进行协作；系统测试是将系统当作一个“黑箱”，验证系统是否具有用户所要求的所有功能；验收测试是由客户完成的，与系统测试类似，验证系统是否满足客户所有的需求。不同的测试使用不同的UML图作为工作的基础，单元测试使用类图和类的规格说明；集成测试通常使用类图、包图、组件图、通信图；而系统测试和验收测试则使用用例图来确认系统的功能是否满足需求。

习　题

一、选择题

1. 下列关于模型的描述，错误的一项是(　　)。

A. 建模语言只能是图形表示的

B. 模型具有不同的精确程度

C. 最好的模型是与现实世界相关联的

D. 单个模型或视图是不充分的，需要从多个视角创建不同的模型

2. UML的全称是(　　)。

A. Unify Modeling Language　　B. Unified Modeling Language

C. Unify Modem Language　　D. Unified Making Language

3. UML的(　　)模型由活动图、顺序图、通信图和状态图组成。

A. 用例　　B. 静态　　C. 动态　　D. 物理

4. 正式的UML 2.5规范是在(　　)年通过的。

A. 2005　　B. 2008　　C. 2012　　D. 2015

5. (　　)是在软件开发的需求分析阶段中用于描述系统需求的图形化语言。

A. 用例图　　B. 类图　　C. 顺序图　　D. 通信图

6. (　　)用来显示系统中软件和硬件的物理架构，同时还传达构成应用程序的硬件和软件元素的配置和部署方式。

A. 类图　　B. 组件图　　C. 包图　　D. 部署图

二、填空题

1. UML中的事物包括________、________、________和________。

2. 在UML中，定义了________、________、________和________4种关系。

3. 用例图的主要元素是________和________。

4. 本章介绍的是________建模工具的安装和使用。

第 2 篇　面向对象分析与设计

案例概述　网上购物商城

该网上购物商城要求能够实现买家购物和商家管理两大功能，现对前台买家购物系统和后台商家管理系统的功能需求描述如下。

1. 前台买家购物系统

(1)会员注册。用户填写资料并注册成为网站会员，只有注册成为网站会员后才能进行商品购买，未注册的用户只能在该网站浏览商品。

(2)会员登录。会员输入正确的账号和密码就可以登录系统进行商品购买等操作。

(3)搜索/查看商品。用户可以通过首页商品列表查看商品，点击商品可以了解商品的详细信息；同时，也可以根据自己的需要输入商品名称、商品类别关键字搜索商品。

(4)购买商品。会员在浏览商品的过程中，可以将所需商品加入购物车，用户最终购买的商品可以从购物车中选取并提交，购物车中的商品可以进行数量编辑，不需要的商品可以从购物车中移除。

(5)订单管理。会员提交购买后，可以在系统中查看订单详情，通过订单详情以实时地了解订单的状态。

(6)用户信息维护：会员可以对个人信息进行修改，如修改密码、管理收货地址等。

2. 后台商家管理系统

(1)管理商品。商家可以上架、下架和修改商品信息，还可以对商品类别进行添加、删除和修改操作。

(2)处理订单。商家可以对订单进行处理，包括发货处理、退货处理等。

(3)管理会员。商家可以对会员信息进行管理。

(4)管理员工。商家可以对员工信息进行管理，如添加员工、删除员工、设置员工权限等。

第 3～第 6 章将以上述案例作为分析背景，介绍软件系统的需求建模、静态建模、动态建模和物理建模。

第 3 章　需求建模

所谓“需求分析”，是指对要解决的问题进行详细分析，包括需要输入什么数据、要得到什么结果、最后应输出什么。在软件工程中，“需求分析”就是确定“做什么”。需求模型是将满足用户需求的基本功能聚合起来表示的强大工具。对于正在构造的新系统，需求模型描述系统应该要做什么，而对于已构造完成的系统，需求模型则反映了系统能够完成什么样的功能。构造需求模型是通过开发人员和客户共同协商完成的，他们需要反复讨论需求的规格说明，最后才能达成共识，明确系统的基本功能，为后续的开发工作打下基础。本章主要内容包括：可行性分析、需求模型概述、用例图和用例文档。

本章学习目标

- 了解可行性分析：经济可行性、技术可行性、法律可行性。
- 了解需求工程过程、需求分析的难点和要点。
- 掌握用例图的组成元素：参与者、用例。
- 掌握用例之间的关系：包含、扩展、泛化。
- 掌握用例图的应用。
- 掌握用例文档的组成和应用。

3.1　可行性分析

当人们准备开发一个软件项目时，首先要对该项目进行可行性分析，明确待开发项目的意义和价值，并提出可行性分析报告，确定是否要开发该项目。可行性分析主要分为经济可行性分析、技术可行性分析和法律可行性分析，在项目开发前对各种可能的风险进行充分的分析、估算，以避免在人力、物力和财力方面的浪费。如果要对有风险的项目进行开发，则应提出具体开发方案，建立相应的开发模型，对各种风险的程度以及应对策略进行详细论证，将因风险可能带来的损失降低至最低程度。

3.1.1　经济可行性分析

经济可行性分析主要是进行成本、效益分析。评估该项目的开发成本，估算开发成本是否会超出项目可能得到的全部利润，并分析该项目的开发是否会对其他项目的开发和利润产生影响。

1. 系统成本分析

系统成本包括如下内容。

(1)设备购置费用。包括开发该系统需要的各种计算机、服务器、网络以及其他设备，如打印机、扫描仪、绘图仪等的费用。根据设备具体的规格要求与市场行情进行成本估算。

(2)人员培训费用。主要包括两个方面内容，一是对项目组开发人员进行培训，使其尽快掌握该项目拟采用的新工具、新技术的费用；二是对使用该系统的用户进行系统使用、维护的技能培训的费用。

(3)系统开发费用。包括软件购置费用、系统调试中所使用的调试数据录入与分析所产生的费用和项目开发人员的费用等。其中，软件购置费用包括整个系统终端计算机、服务器、网络系统运行所需的系统软件费用，以及开发该项目需要添置的软件开发工具的费用、购买市场上已有的可复用构件库所产生的相应费用等。

(4)系统安装、运行和维护费用。估算在项目开发成功后，在用户使用环境下安装、运行该系统所发生的费用，以及在后续的系统使用过程中系统维护所产生的费用。这里需要强调的是，系统维护费用在软件开发总成本中所占的比例很大，为开发总成本的三分之一以上。

2. 系统效益分析

系统效益分析主要从以下两方面进行。

(1)经济效益。开发出的应用系统为用户增加的收入或节省的费用，可以通过直接或统计的方法进行估算。

(2)社会效益。社会效益是指最大限度地利用有限的资源满足社会上人们日益增长的物质文化需求。可以用定性的方法进行估算。

3.1.2 技术可行性分析

技术可行性分析是系统可行性分析的关键活动。开发人员要根据客户对系统的需求(功能需求和非功能需求)以及实现该系统的制约因素(如投资额度、可利用的资源、使用的算法模型、开发和管理人员的素质、采用的开发工具等)，从技术的角度分析系统实现的可能性及风险。技术可行性分析也是系统开发过程中难度最大的工作，由于系统分析和定义过程与技术可行性分析要同步进行，而在该阶段，系统的功能、目标的不确定性将给技术可行性分析带来许多困难，因此，开发人员的经验也非常重要。技术可行性分析一般包括风险分析、资源分析和技术分析。

1. 风险分析

风险分析的工作就是在已知的制约因素下，判断是否能够实现客户对系统的需求。系统分析人员应该尽量采集有关系统性能、可靠性、可维护性和可生产性方面的信息，分析达到客户要求的系统功能所需要的各种硬件设备以及采用的开发技术、开发方法和开发过程，分析该项目开发在技术上可能承担的风险，以及采用该技术对开发成本的影响。可以将风险及影响分为若干等级，级别越高，风险系数越大，通过风险系数决定是否继续开发该项目。

2. 资源分析

资源分析的目的是论证是否具备系统开发所必需的软件、硬件、工作环境、投资额度，以及开发人员是否具备开发该系统的素质。

3. 技术分析

技术分析就是分析当前科学技术发展水平是否支持该系统开发的全过程。原型建模、数学建模和系统建模是进行技术分析的有效工具。如果模型过于复杂，可以对模型进行分解。开发一个成功的模型需要客户、系统开发人员和管理人员的共同努力，反复对模型进行一系列实验、仿真、评审和修改。这些模型应具备以下特征。

(1)综合系统全部因素：再现系统运行结果。

(2)突出系统重要因素：忽略无关或次要的因素。

(3)反映系统动态特征：易理解、易操作，可提供系统的真实结果，利于通过评审。

(4)结构简单：易实现、易修改、易维护。

通过该分析，如果发现风险系数过大，或选定的模型在该系统的模拟活动中不能实现，则该项目的管理人员就得考虑是否放弃开发该项目。

3.1.3 法律可行性分析

法律可行性分析的工作主要包括以下内容。

(1)确定该项目的开发是否违背国家相关法律规定。

(2)在知识产权方面是否对他人构成侵权行为。

(3)与客户签订的合同是否涉及第三方的利益等。

开发人员要对待开发项目与法律相关的一系列问题进行分析。法律可行性分析活动应该有专业法律界人士的参与或向相关法律界人士进行法律咨询。

3.1.4 开发方案可行性分析

完成前面三项系统可行性分析后，如果项目管理人员决定要开发该项目，接下来要进行的工作就是选择合适的开发方案。开发方案可行性分析主要包括：提出待选方案、评价待选方案和确定待选方案。

1. 提出待选方案

为了降低系统的复杂度，系统工程师一般会将一个大的复杂系统分解为若干个子系统，以便项目组工作人员的组织和分工，提高系统的开发效率，并保证系统的质量。系统的分解要做到以下两点。

(1)精确定义子系统的功能和边界。

(2)确定各子系统之间的关系。

完成一个系统的分解和子系统的实现可能有多种方案，系统工程师可以将这些可能的方案作为待选方案提出来。

2. 评价待选方案

不同的方案开发出来的系统在开发成本、系统功能等方面会有很大的差异，因此要对待选方案进行评价，最终确定开发方案。评价待选方案应该关注以下几个方面。

(1)低成本。包括调研、设备、分析、设计、编码、测试、评审、系统执行和维护成本。

(2)高效率。各子系统的执行效率，继承后系统的执行效率。

(3)通用性。系统的使用范围。

(4)精确度。达到客户要求的运算精度。

(5)系统的安全性、可靠性等。

3. 确定待选方案

在确定开发方案时，要综合评价各种方案的优劣。从以上几个方面进行全面的衡量，采用折中的方法确定最佳开发方案。

3.2 需求模型概述

需求模型，也称为用例模型，是系统既定功能及系统环境的模型，它可以作为客户和开发人员之间的契约。对于正在构造的新系统，用例模型描述该系统应该做什么；对于已构造完成的系统，用例模型则反映了系统能够完成什么样的功能。

所谓需求，即用户对所要开发的系统提出的各种要求和期望，主要包括功能需求和非功能需求。开发人员通过需求分析，将用户非形式的需求转化为完整的需求定义，从而确定系统必须做什么。这也就是接下来将要介绍的需求工程过程。

3.2.1 需求工程过程

完整的需求工程过程包括：需求获取、需求分析、需求描述及需求验证4个过程，如图3-1所示。其每个阶段的主要任务描述如下。

图3-1　需求工程过程

(1)需求获取。开发人员与用户之间为了定义系统而进行的沟通。需求获取是需求分析的前提，需求获取的方法一般有收集资料、现场观察、访谈、开会、原型、问卷调查等。

(2)需求分析。对获取的用户需求信息进行分析、整理，找出其中的错误、遗漏或不足之处，从而发掘出最本质的需求，以获得用户对软件系统的真正有价值的需求，确定系统需求，构造需求模型。

(3)需求描述。使用适当的描述语言，按标准格式描述软件系统的需求，并产生需求规格说明以及相应文档。

(4)需求验证。也称为需求评审，主要是审查和验证需求规格说明是否正确和完整地表达了用户对软件系统的需求。需求验证务必确保需求符合完整性、正确性、可行性、必要性、一致性、可追踪性及可验证性这些良好特征。验证最后需要经过确认签字。

在 UML 中，需求模型主要用用例图描述，需求模型可以由若干个用例图组成。需求模型的目的如下。

(1)促成开发人员与客户(或最终用户)之间对于系统需求的沟通。

(2)通过需求模型达成共识，明确系统的基本功能，为系统功能提供清晰一致的描述，为后续的开发阶段打下基础。

(3)为系统验证工作打下基础，通过验证最终实现的系统功能是否与最初需求模型定义的功能相一致，保证系统的实用性。

3.2.2 需求分析的难点和要点

1. 需求分析的难点

如图 3-2 所示，客户需要的是一把梯子，系统分析人员理解为一把凳子，开发人员做出来的是一张桌子，商业顾问诠释成为一个沙发……很多角色的参与，每个角色都会从自身角度来理解需求，以致各种角色对需求的理解会不一样。

有如下几种原因会使需求获取变得困难。

(1)客户描述不清。

每个人嘴巴上说的需求和心中所想的需求总是有差异的，所谓的“词不达意”，受表达能力的限制，不是每个人都能完整准确地表达出自己真实的想法。另外，有些客户对需求只有大概的感觉，今天想要这个，明天想要那个，甚至不知道自己到底想要的是什么。大部分的客户是不懂软件开发的，如果客户本身就懂软件开发，能将软件需求说得清清楚楚，这样的需求分析将会轻松很多。

(2)需求经常变动。

需求是经常变动的，因此要尽可能弄清楚哪些是稳定的需求，哪些是易变的需求，以便在进行系统设计时，将软件的核心建立在稳定的需求上。

(3)分析人员或客户理解有误。

分析人员完成需求描述(需求规格说明以及相应文档)之后，要请客户代表进行验证，如果问题复杂，双方沟通困难，就有必要请开发人员快速构造软件原型，双方再次论证需求描述是否正确。

图 3-2 需求分析的难点

2. 需求分析的要点

人们做需求分析工作时，往往会混淆需求分析和软件设计。需求分析的核心目的是解决软件有没有用的问题，而软件设计则是解决软件用多大成本制作出来的问题。

需求分析的首要任务是保证软件的价值，人们必须保证制作出来的软件是符合客户利益的。如果开发人员不能清楚客户的真正需求就仓促实施开发，则很可能会付出巨大成本仍然不能满足客户真正实际的需求。

如何才能把握客户真正的需求，做出给客户带来实在价值的软件系统呢？首先需要明确项目的背景：为什么会有这个项目？客户为什么想做这个项目？如果没有这个项目会怎样？在了解背景的基础上，开发人员还需要进一步了解以下内容。

(1)本项目解决了客户什么问题？

(2)本项目涉及什么人？什么单位？

(3)本项目的目标是什么？

(4)本项目的范围是怎样的？

(5)本项目的成功标准是什么？

以上这些内容，被称为客户的“需求”。

接下来，将制定详细的需求规格说明书。通常会从功能性需求和非功能性需求两个方面列出详细的需求，人们将这些需求称之为“需求规格”。

做需求分析工作时，项目组不应该只是将自己定义成软件的制造者，而应该是软件价值的创造者。开发人员不是为客户提供一套软件系统，而是提供一套能提升客户价值的服务。所以项目组不应该被动地接受需求，而应该主动出击，透过客户提供的信息，去挖掘客户的需求，帮助客户找出真正的需求，整理出符合客户需求的需求规格。只有挖掘出客户内心深处真正想要的，而客户又不能表达出来的东西，才能真正做到“为客户带来价值”。UML 将会帮助人们提升需求分析的能力。

3.3 用例图

3.3.1 用例图概述

用例图(Use Case Diagram)就是在软件开发的需求分析阶段中用于描述系统需求的图形化语言，用例图主要用来回答以下两个问题。

(1)本系统被什么执行者使用?

(2)每种执行者通过本系统能做什么事情?

用例图示例如图 3-3 所示。

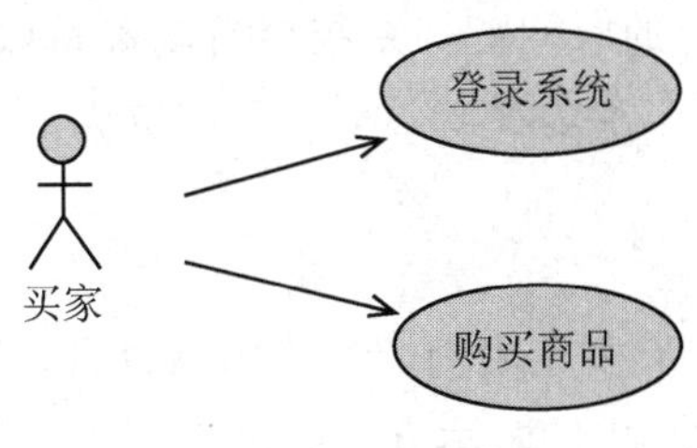

图 3-3 用例图示例

该图描述了执行该系统的用户及该系统提供给用户的功能，即回答了上面的两个问题。

(1)本系统执行者是买家(购物用户)。

(2)买家通过该系统可以登录、购买商品。

因此，用例图主要由参与者、用例以及描述它们之间的关系组成，在图 3-3 中，“买家”就是参与者，而“登录系统”“购买商品”就是用例。下面将详细介绍用例图的组成元素。

3.3.2 用例图的组成

1. 参与者

参与者(Actor)是指存在于系统外部并直接与系统进行交互的人或物。概念中有几个要点：存在于系统外部、直接与系统进行交互、人或物。

从参与者的表现形式来看，参与者可以是系统用户、外部系统、进程等。

(1)系统用户。

使用系统的用户，是最常见也是最容易识别的参与者。这里的系统用户是一个类的概念，代表的是一类使用系统的用户群体。例如，在网上购物商城案例中，买家、商家即为该系统的参与者，如果将买家具体化，则这个买家可能是张三、李四，但张三、李四这些具体化的对象，不可以被定义为参与者。同一个对象在不同的系统中，有着不同的归类方式，如张三，在网上购物商城案例中被归类为买家；在图书管理系统中则被归类为读者。

【系统用户示例】

参与者：买家。

(2)外部系统。

外部系统也称为第三方系统，指与该系统有交互的外部系统。例如，网上购物商城需要通过第三方支付平台(如支付宝等)完成交易功能，那么，第三方支付平台也是参与者之一。

【外部系统示例】

参与者：第三方支付平台。

(3)进程。

这里的进程指一些可以运行的进程。例如，在网上购物商城中，如果订单完成后用户没有确认收货，那么在一定的时间后，系统会自动确认收货。也就是说，当经过一定的时间后，系统中的某个事件就会发生，这时，时间也成了参与者。

【进程示例】

参与者：时间。

每个参与者可以参与一个或多个用例，每个用例也可以有一个或多个参与者。参与者在UML中的表示方式如图3-4所示。

买家

图3-4　参与者在UML中的表示方式

通过回答以下问题，可以帮助建模者发现参与者。

(1)使用系统主要功能的人是谁?

(2)需要借助系统完成日常工作的人是谁?

(3)谁来维护管理系统以保证系统能正常工作?

(4)系统控制的硬件设备有哪些?

(5)系统需要与哪些系统交互?

(6)对系统产生的结果感兴趣的人或事有哪些?

2. 用例

在UML中，用例规定了系统或部分系统的行为，它描述了系统所执行的动作序列集，并为参与者产生了一个可观察的结果值。用例概念的要点如下。

(1)动作序列集，即一组动作序列的集合。因此，用例代表的是一个完整的功能，而不是完成功能的每一个动作(步骤)。例如，“登录系统”是一个用例，而“输入账号”“输入密码”则是完成“登录系统”这个功能的动作(步骤)，它们不是用例。

【识别用例示例1】

正确用例：登录系统。

错误用例：输入账号、输入密码。

(2)为参与者产生结果值。用例的观察识别者应该是参与者，可以用参与者作为主语代入用例，以检测该用例是否是正确的用例。例如，“登录系统”“验证账号”“验证密码”这三个用例，分别代入主语，“登录系统”的主语为用户，是参与者；而“验证账号”和“验证密码”的主语是系统，不是参与者，所以，“验证账号”和“验证密码”不是用例。

【识别用例示例 2】

正确用例：登录系统。

错误用例：验证账号、验证密码。

(3)用例的命名。用例的命名方式通常是使用动宾结构的词组，如“登录系统”“查询商品”“购买商品”“管理用户信息”等，要求词组能反映出用例的含义，即所谓的“见名知义”。用例在 UML 中的表示方式如图 3-5 所示。

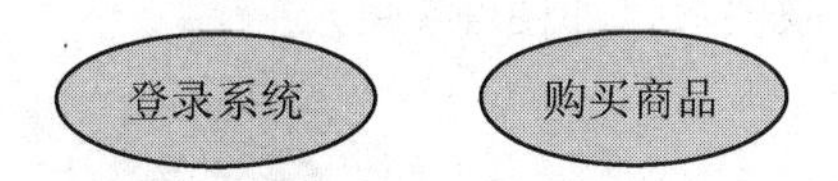

图 3-5 用例在 UML 中的表示方式

实际上，从识别参与者起，发现用例的过程就已经开始了。对于已识别的参与者，可以通过询问以下问题来发现用例。

(1)参与者需要从系统中获得哪些功能？参与者需要做什么？

(2)参与者需要读取、产生、删除、修改或存储系统中的某种信息吗？

(3)系统中发生的事件需要通知参与者吗？或者，参与者需要通知系统某事吗？这些事件(功能)能干什么？

(4)用系统的新功能处理参与者的日常工作是否简化了？是否提高了工作效率？

3. 关系

用例图的关系如图 3-6 所示。

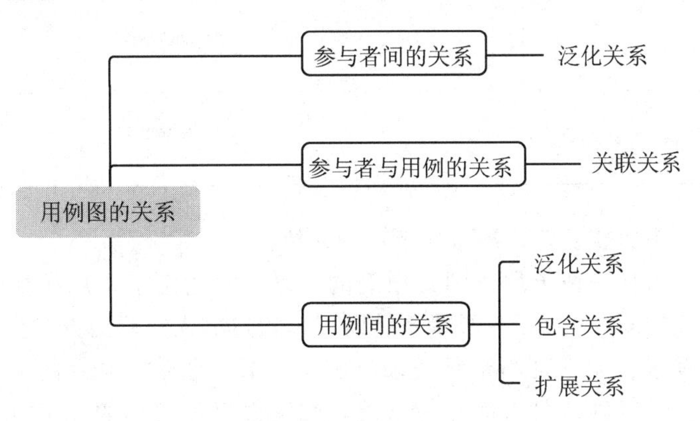

图 3-6 用例图的关系

(1)参与者之间的关系：泛化关系。

参与者之间的泛化关系是指一种从子类到父类的关系，如图 3-7 所示。

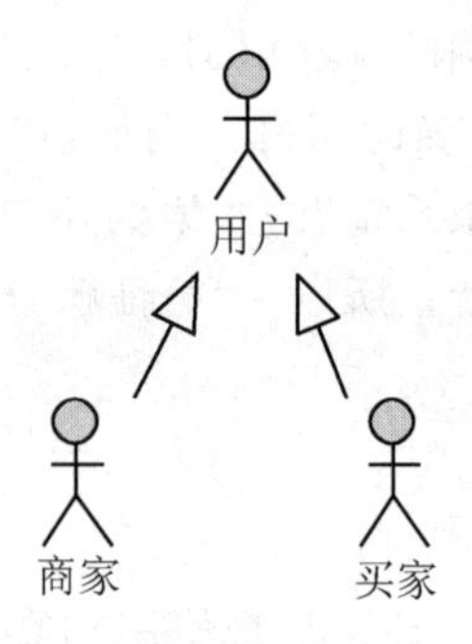

图 3-7　参与者之间的泛化关系

(2)参与者与用例的关系：关联关系。

参与者与用例之间是关联关系，如图 3-8 所示。

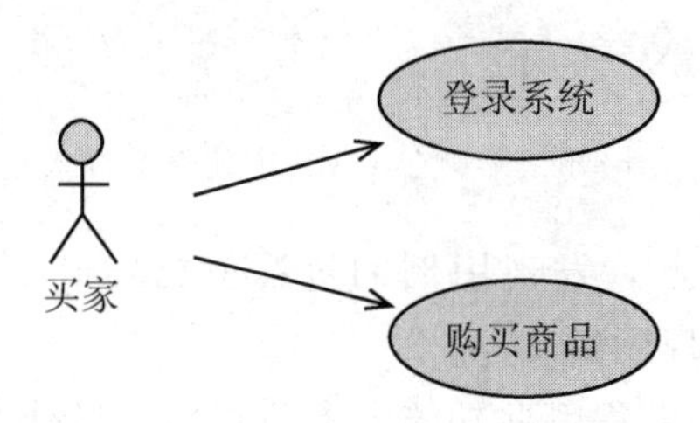

图 3-8　参与者与用例之间的关联关系

(3)用例之间的关系：泛化关系、包含关系、扩展关系，如表 3-1 所示。

表 3-1　用例之间的关系

用例之间的关系	图形表示
泛化关系	————▷
包含关系	<<include>>
扩展关系	<<extend>>

用例之间的关系比较复杂，现做如下详细介绍。

①泛化关系：指从一种子用例到父用例的关系，它指定了子用例如何转化父用例的所有行为和特征。如图 3-9 所示，登录系统既可以通过输入密码的方式登录，也可以通过识别指纹的方式登录，无论是用密码登录，还是用指纹登录，其目的都是一样的，即识别验证用户的身份，以确认是否能登录系统，二者仅仅是实现的技术方式不同而已。因此，登录系统是父用例，用密码登录和用指纹登录是子用例。

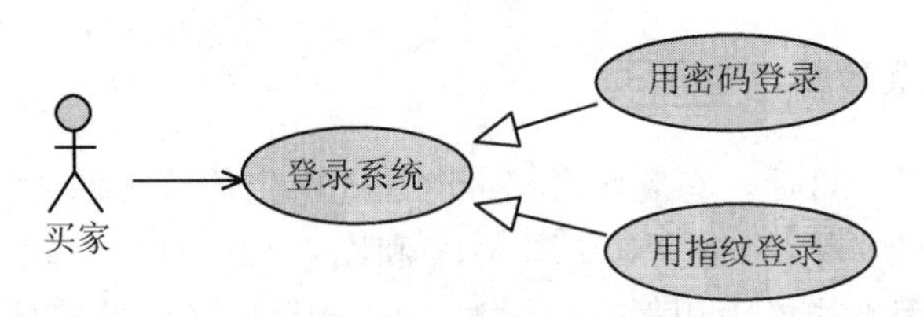

图 3-9 用例之间的泛化关系

②包含关系：指使用一个用例来封装一组跨越多个用例的相似动作(行为片段)，以便多个基础用例复用的关系。包含关系最典型的应用就是复用。一般情况下，如果若干个用例的某些行为都是相同的，则可以将这些相同的行为提取出来单独成为一个用例，称之为“被包含用例”。这样，当某个用例使用该被包含用例时就等于该用例包含了被包含用例的所有行为。如图 3-10 所示，用户登录系统后，可以购买商品、查看个人订单、管理个人信息，也就是说，无论是购买商品还是查看个人订单或管理个人信息，都必须先登录系统，登录系统是它们共同的行为。因此，登录系统是被包含用例。

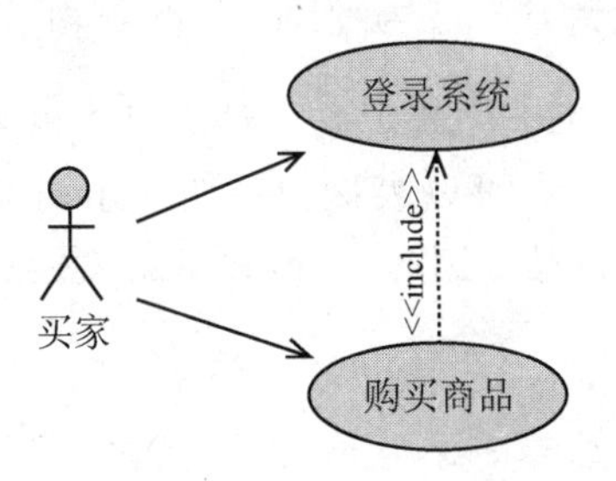

图 3-10 用例之间的包含关系

③扩展关系：指将基础用例中的一段相对独立并且可选的动作，用扩展用例的形式加以封装，再让它从基础用例中声明的扩展点进行扩展，从而使基础用例行为更简练且目标更集中。扩展关系是将新的行为插入已有用例中的方法，基础用例的扩展增加了原有的语义，基础用例不必知道扩展用例的任何细节，它仅为其提供扩展点。基础用例即使没有扩展用例也是完整的，只有特定的条件发生，扩展用例才被执行。如图 3-11 所示，用户查看订单后，可以选择评价订单或不评价订单，是否评价订单不会影响查看订单的执行。因此，评价订单是查看订单的扩展用例。

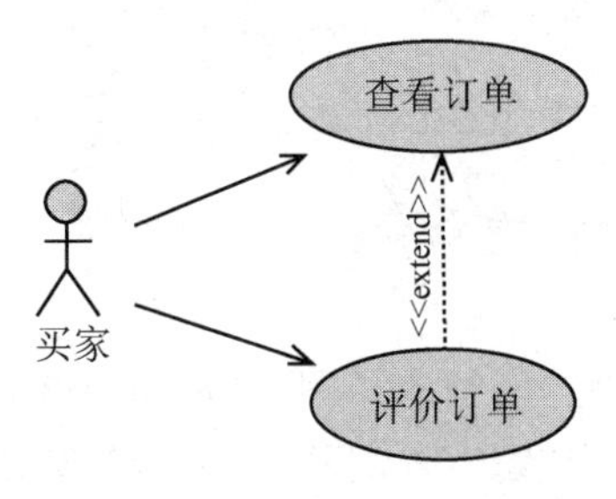

图 3-11 用例之间的扩展关系

3.3.3 用例图要点分析

(1)用例是有意义的目标，它应该是一个由系统产生的可观测的结果值，而这个结果值是外部参与者所要实现的目标。对比图 3-12 和图 3-13，可以发现，图 3-12 中的“输入账号”和“输入密码”都不能成为用例，因为对于参与者买家来说，“输入账号”和“输入密码”都不是参与者买家所要实现的目标，对于买家来说，真正有意义的目标是“登录系统”。因此，“登录系统”才是正确的用例，如图 3-13 所示。

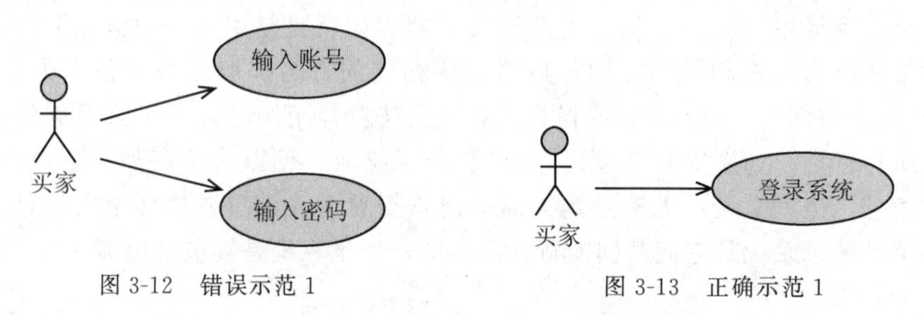

图 3-12　错误示范 1　　　　图 3-13　正确示范 1

(2)用例表达的是用户观点而非系统观点。对比图 3-14 和图 3-15，可以发现，图 3-14 中的“显示商品信息”是系统观点，可以表达为系统显示商品信息，而“搜索商品”才是用户观点，可以表达为用户搜索商品。因此，“搜索商品”才是正确的用例，如图 3-15 所示。

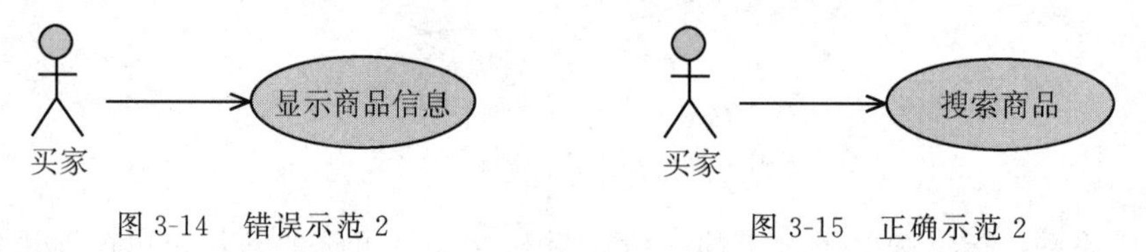

图 3-14　错误示范 2　　　　图 3-15　正确示范 2

(3)用例的定义应使用业务语言(用户语言)而非软件语言(技术语言)，技术语言无法与用户沟通。对比图 3-16 和图 3-17，可以发现，图 3-16 中的“建立数据库连接”和“执行 SQL 查询语句”是技术语言，用户语言应表达为“搜索商品”或“查询商品”。因此，“搜索商品”或“查询商品”才是正确的用例，如图 3-17 所示。

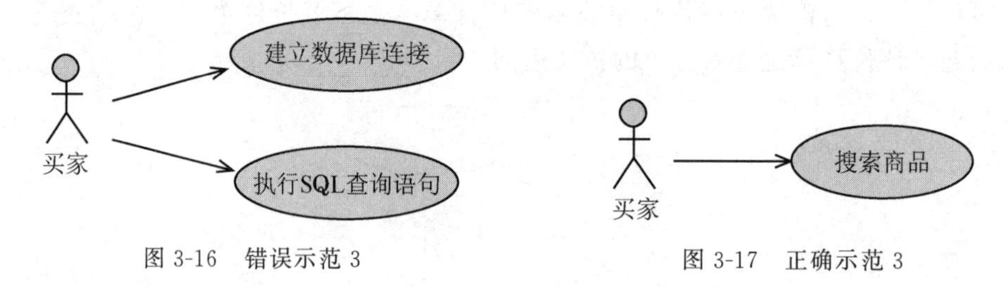

图 3-16　错误示范 3　　　　图 3-17　正确示范 3

(4)避免粒度过细，陷入功能分解。如图 3-18 和图 3-20 所示都是粒度过细的表现。在图 3-18 中，“设定查询条件”和“输入查询关键字”是“搜索商品”的步骤，因此使用用例“搜索商品”表达即可，如图 3-19 所示。而图 3-20 中，“添加商品”“删除商品”“修改商品”和“查询商品”都是为了完成“管理”目标，因此使用用例“管理商品”表达即可，如图 3-21 所示。

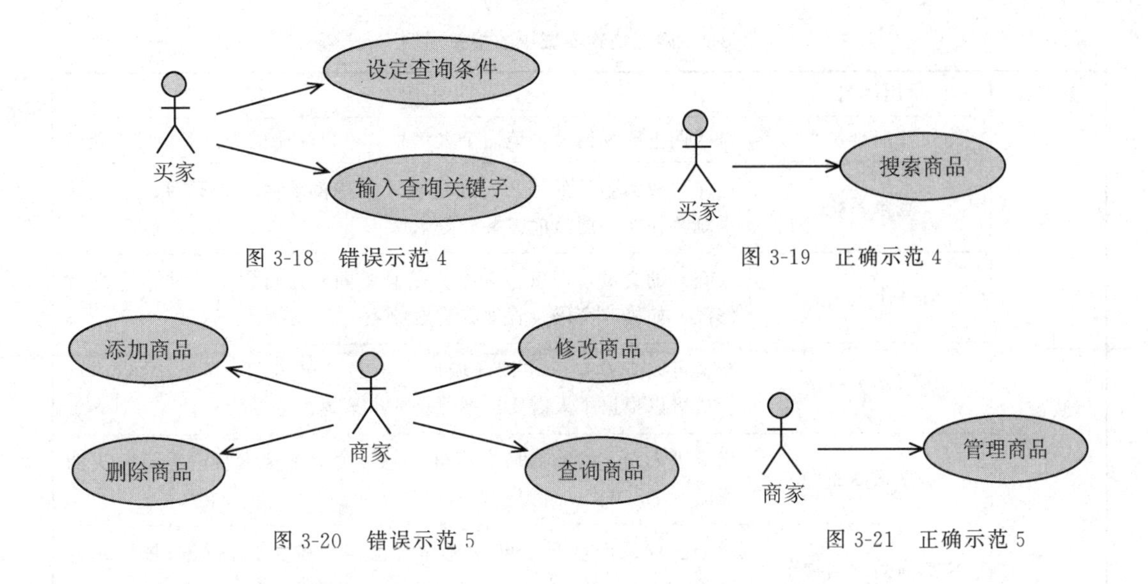

图 3-18 错误示范 4

图 3-19 正确示范 4

图 3-20 错误示范 5

图 3-21 正确示范 5

3.3.4 用例图的应用

1. 绘制用例图的步骤

(1)确定参与者。

根据网上购物商城概述，结合实际应用，该商城要求能够实现买家购物和商家管理两大功能。因此，该系统有“买家”和“商家”两个参与者，如图 3-22 所示。

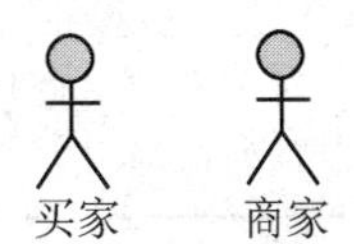

图 3-22 网上购物商城参与者

(2)确定用例。

分析出系统的参与者后，就可以通过分析每个参与者是如何使用系统来确定系统中的用例。

在本系统中，买家可以搜索/查看商品，可以注册成为会员。会员登录系统后可以添加商品到购物车、对购物车内的商品可以进行查看、编辑数量、删除商品，也可以进行结算(购买)等操作；买家还可以查看个人订单，根据实际需要选择性评价订单或申请退款，此外，买家也可以管理个人信息，如管理收货地址、修改密码等。

在本系统中，“商家”可以管理商品，管理商品类别，处理订单，管理会员、员工等。

通过以上分析，得到该网上购物商城“买家”的相关用例和“商家”的相关用例，如表 3-2 所示。

表 3-2　网上购物商城中的相关用例

参与者	用例名	用例说明
买家	注册会员	进入网上购物商城，填写个人信息，可以注册成为该商城的会员
	登录系统	已注册成为会员的用户，通过输入正确的账号和密码可以登录该系统，在购买商品前需要先登录
	管理个人信息	已登录的会员，可以查看个人信息，同时还可以对这些信息进行修改，如修改密码、管理收货地址等
	查看个人订单	会员可以查看自己在该商城所产生的订单信息，对于这些订单，会员可以根据个人需要选择评价或申请退款等
	搜索商品	用户进入网上购物商城后，可以通过关键字搜索自己需要购买的商品
	添加商品到购物车	对于已登录的会员，可以选择自己需要购买的商品，并加入购物车
	查看购物车	会员可以在购物过程中随时查看购物车中的商品，对于购物车中的商品，会员可以编辑其数量、删除商品或选择进行购买等
商家	管理商品	商家可以对商城中的商品进行添加、删除、修改等操作
	管理商品类别	商家可以对商城中商品类别进行添加、删除、修改等操作
	管理用户	商家可以对该商城中的用户进行添加、删除、修改等操作，此处用户主要有两类，分别是会员和员工
	处理订单	商家可以对买家在该商城购买商品产生的订单进行处理，如发货处理、退货处理等

(3)确定关系。

用例图中的关系包括参与者之间的关系、参与者和用例之间的关系、用例之间的关系。用例之间的关系比较复杂，在上表描述的用例中，有 3 个用例需要特别注意。

①查看购物车：会员可以在购物过程中可以随时查看购物车中的商品，对于购物车中的商品，会员可以编辑其数量、删除商品或进行购买等。因此，可以对“查看购物车”这个用例进行扩展，即在查看购物车时，选择是否进行“删除购物车商品”“编辑商品数量”“购买商品”这些操作，可以将这些用例作为“查看购物车”的扩展用例，如图 3-23 所示。

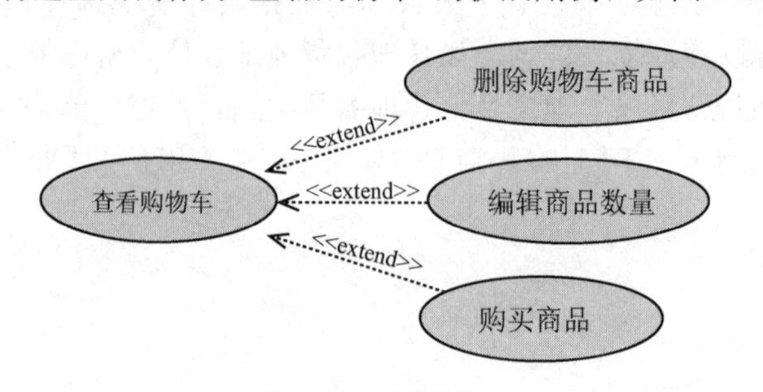

图 3-23　查看购物车

②查看个人订单：会员可以查看自己在该商城所产生的订单信息，对于这些订单，会员可以根据个人需要选择评价订单或申请退款等。因此，同样可以将“评价订单”和“申请退款”作为“查看个人订单”的扩展用例，如图 3-24 所示。

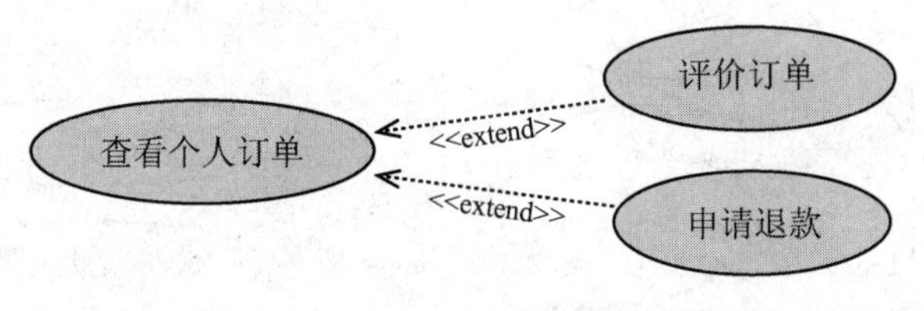

图 3-24 查看个人订单

③管理用户：指对该商城中的用户进行添加、删除、修改等操作。此处用户主要有两类，分别是会员和员工。在这个关系中，人们将“管理会员”和“管理员工”作为“管理用户”的包含用例，如图 3-25 所示。

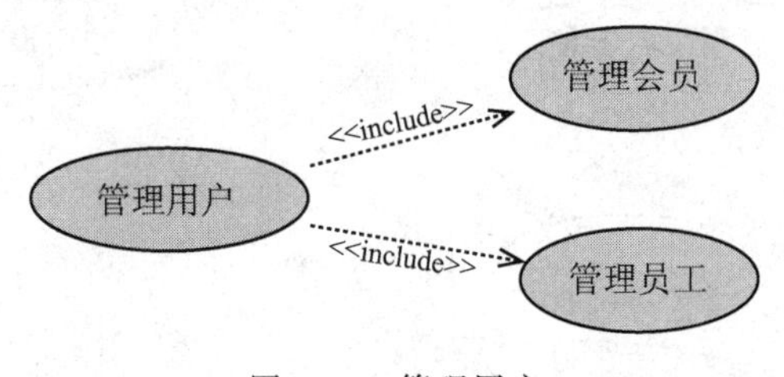

图 3-25 管理用户

2. 绘制网上购物商城用例图

图 3-26 为网上购物商城用例图。

3.3.5 使用 StarUML 创建用例图

打开 StarUML，选定模型后，右击，在弹出的快捷菜单中选择“Add Diagram”→“Use Case Diagram”选项，创建一个新的用例图。用例图工具箱如图 3-27 所示。

1. 创建参与者

首先，单击工具箱上参与者的图标；其次，在用例图编辑区的空白区域单击即可画出参与者；最后，为参与者命名，双击参与者的图标，即可为参与者命名，同时可以为参与者添加属性和操作；另外，也可以在选中相应的参与者之后，通过窗口右下方的属性窗口编辑参与者的属性，如图 3-28 所示。选择“Attributes”选项可以打开参与者属性编辑窗口，如图 3-29 所示，设置参与者的属性；选择“Operations”选项可以打开参与者操作编辑窗口，如图 3-30 所示，设置参与者的操作。

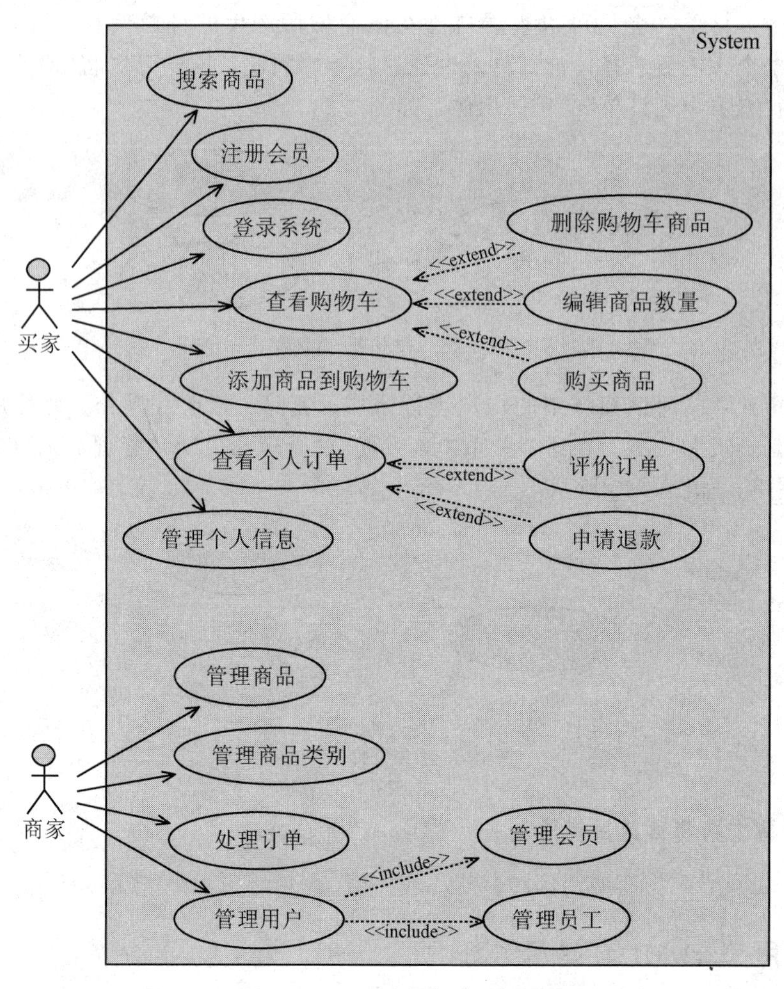

图 3-26　网上购物商城用例图

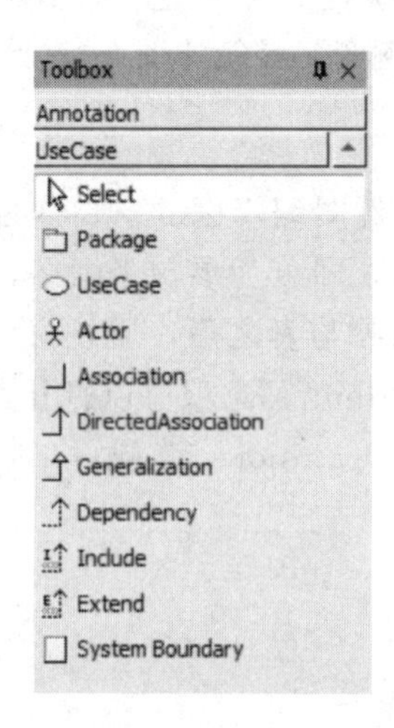

图 3-27　用例图工具箱

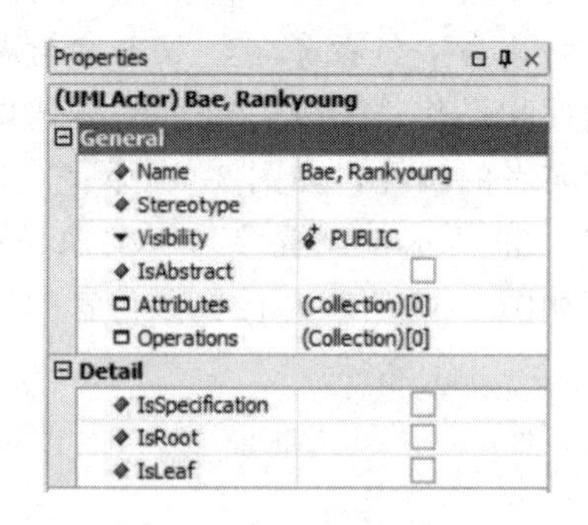

图 3-28　参与者属性窗口

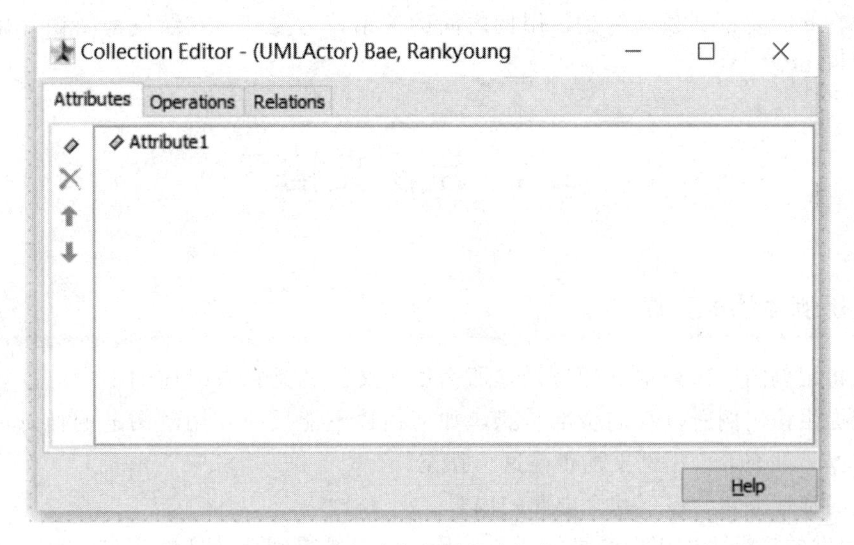

图 3-29 参与者属性编辑窗口

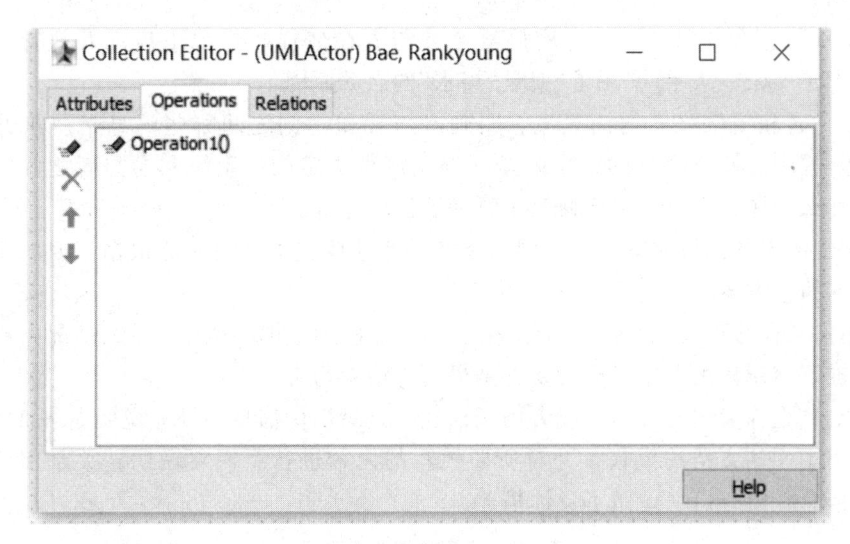

图 3-30 参与者操作编辑窗口

一般无须添加参与者的属性和操作，只需要为参与者命名即可，具体的属性和操作分析与设计，可以在类图中实现。

2. 创建用例

首先，单击工具箱上用例的图标；其次，在用例图编辑区的空白区域单击即可画出用例。接下来同样是对用例命名，通过属性窗口设置用例等，具体操作就不再详述了。

3. 创建关系

在用例图中，需要为参与者与用例、参与者与参与者、用例与用例绘制关系。单击工具箱上的关系图标，在需要描述关系的参与者或用例之间拖动即可产生表示关系的相应线条。在此需要特别强调的是，用例之间的关系较为复杂，在绘制前要做好用例之间关系的分析。

3.4 用例文档

3.4.1 用例文档的组成

如果将用例图比作一本书的目录，那么用例文档就是目录对应的书中的内容。用例本身不能提供该用例所具有的全部信息，如何描述不能反映在用例图上的信息，通常使用文字来作为补充，而用例文档正是这个补充。

用例的描述应包含以下几个方面的内容。

(1)用例的目标。即用例的最终任务是什么？想要得到什么样的结果？每个用例的目标一定要明确。

(2)用例是怎么被启动的。即明确哪个参与者在怎样的情况下启动并执行用例。例如，张三渴了，张三买水，“渴了”就是“买水”的启动原因。

(3)参与者和用例之间的消息流。明确参与者和用例之间哪些消息是用来通知对方的、哪些是检索或修改信息的、哪些是帮助用例做决定的、系统和参与者之间的主消息流描述了什么问题、系统使用或修改了哪些实体信息等。

(4)用例的多种执行方案。在不同的条件或特殊情况下，用例能根据当时的条件选择一种合适的执行方案。

(5)用例怎样才算完成并把值传给参与者。描述中应明确指出在什么情况下用例才能被看作完成，当用例被看作完成时要将结果值传给参与者。

用例文档也称为用例规约，或者用例描述，是对用例信息的补充说明。表 3-3 以表格的形式给出了用例文档的模板，并对所要填写的内容进行了简要说明。关于用例文档的主要组成信息在模板后面还做了具体描述。

表 3-3　用例文档参考模板

用例标识	用例编号
用例名	用例名称，与用例图中的名称保持一致
用例描述	对该用例进行简单描述，表达参与者执行该用例能做什么事情
参与者	与该用例相关的参与者，应与用例图保持一致
相关用例	与该用例存在关系的用例，对于不同的关系可采用不同的表达方式
前置条件	执行该用例之前必须满足的条件
后置条件	执行该用例之后系统所达到的状态
基本事件流	描述用例通常情况下所发生的事件流的执行步骤，采用编号的方式表示发生的先后顺序，对于复杂的事件流还可以采用子流的方式分解为多个事件流进行表述

续表

用例标识	用例编号
备选事件流	描述用例基本事件流中可能出现的分支事件或异常事件
补充说明	描述与该用例相关的数据需求、业务规则、非功能性需求、设计约束等

(1)用例标识、用例名、用例描述。

用例标识也称用例编号，一般以“UC＋三位数字”组成；用例名与用例图中的名称保持一致；用例描述一般使用“主谓宾”的方式对该用例进行简单描述，表达参与者执行该用例能做什么事情。

(2)涉及的参与者、涉及的用例。

参与者即该用例的执行者，涉及的用例是指与该用例有关系的其他用例。

(3)前置条件和后置条件。

前置条件约束用例开始前系统的状态，说明在用例触发前什么必须为真；而后置条件则约束用例执行后系统的状态，即用例执行后什么必须为真，对于存在分支事件流的用例，可以指定多个后置条件。

(4)基本事件流和备选事件流。

用例的核心内容就是参与者和系统交互的过程，这个交互过程在用例文档中采用事件流的方式进行完整的表示。图3-31是参与者与系统每一次交互过程的示意图，参与者首先向系统发起动作，之后系统会验证参与者的动作并进行相应的处理，最后系统将结果反馈给参与者。

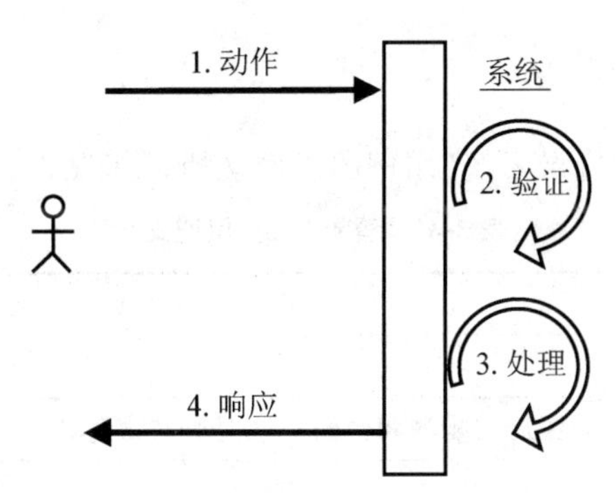

图3-31　参与者与系统的交互过程

①基本事件流：也称为用例的主路径，指在不发生分支和异常的情况下，用例发生的路径。也可以理解为在不发生分支和异常的情况下，按照交互的先后顺序描述参与者与系统发生交互的每一个步骤，并使用数字进行编号。当基本事件流比较复杂时，可以将其分解为若干个子流(Subflow)，每个子流可使用前缀“S-”独立标识并编号。

②备选事件流：也称为扩展事件流，代表该用例处理过程中的一些分支或异常情况，一般是从基本事件流的某个步骤中分离出来的。一般，一个基本事件流会存在多个备选事件流，因此每个备选事件流都需要进行编号，可使用前缀“A-”加上被分离的基本事件流编号；如果一个备选事件流在基本事件流的整个过程中都可以被触发，则可以使用前

缀“A-＊”加基本事件流编号表示。

③事件流描述要点：在描述事件流时，首先应尽量使用业务语言(用户语言)而非软件语言(技术语言)，因为事件流是用来使用户理解用例功能的；其次，要明确参与者与系统之间的交互，以参与者和系统作为主语，描述从系统外部看到的过程(如图 3-31 中的交互 1 和 4)，而不要描述系统内部的处理细节(如图 3-31 中的交互 2 和 3)；描述语言应该清晰明确，不适用“例如”“等等”模糊的表达方式；最后，不要细化 GUI，如会员从下拉列表框中选择类别、会员在相应文本框中输入查询条件、会员单击“确定”按钮等。

④补充说明：用例重点在于描述功能需求，而其他方面可以做补充说明，如数据需求、业务规则、非功能性需求、设计约束等。

• 数据需求是指与该用例相关的一些数据项(字段列表)的说明。例如，注册信息包括账号、密码、电子邮件、联系电话。数据需求的编号可使用前缀“D-”表示。

• 业务规则是指与业务相关的业务逻辑和操作规则。例如，密码连续输入错误三次系统将被锁定、交易完成后用户未评价订单 7 天后默认好评等。业务规则的编号可使用前缀“B-”表示。

• 非功能性需求。用例描述的是功能性需求，而对于每个用例，还需要描述与之相关的非功能性需求。非功能性需求一般采用文字说明的方式，可以从可用性、可靠性、性能、可支持性等方面进行描述。

• 设计约束本质上不是需求的一部分，而是从多个角度对用例或系统的约定，这些约定对后续的分析和设计有一定的影响，因此需要在需求文档中记录下来，例如，系统采用 SQL Server 数据库、系统使用 Java 语言进行开发等。

3.4.2 用例文档的应用

网上购物商城中买家“登录系统”用例的用例文档，如表 3-4 所示。

表 3-4 “登录系统”用例文档

用例标识	UC001
用例名	登录系统
用例描述	买家根据所注册的账号和密码登录网上购物商城
参与者	买家
相关用例	无
前置条件	买家已经注册成为会员
后置条件	如果买家登录成功，则可以进行购买商品等操作；如果买家登录失败，则不能进行购买商品等操作
基本事件流	1. 系统显示登录页面 2. 买家输入账号和密码 3. 系统验证账号和密码并显示登录成功 4. 系统记录并显示当前登录用户

续表

用例标识	UC001
备选事件流	A-3. 账号或密码错误 (1)系统显示账号或密码错误提示信息 (2)买家重新输入账号或密码，或者结束该用例
补充说明	业务规则 B-1. 密码连续三次输入错误系统将被锁定

小白问答

问：对于初学者来说，如何识别用例，如何避免在识别用例时出错？

答：用例的识别是本章的重点和难点，对于初学者来说，了解用例的特征，可以帮助有效识别用例，避免在识别用例时出错。用例具有以下特征。

(1)用例总是由参与者执行。

用例所代表的功能必须由参与者执行，通俗地说，当使用参与者作为主语代入用例时，必须符合系统的实际情景。

(2)用例为参与者提供可观察的结果值。

用例必须为参与者提供实在的结果值，虽然这个值不总是重要的，但是应该要能被参与者识别。

(3)用例具有完全性。

用例是一个完整的功能描述，而不是分解的步骤，在进行用例识别时，一定要避免将步骤当作用例。

问：用例之间的包含关系和扩展关系怎么区分？

答：包含关系和扩展关系经常会使初学者陷入困惑，两者的特征比较如表 3-5 所示。

表 3-5 包含关系与扩展关系的特征比较

特征	Include	Extend
作用	增强基础用例的行为	增强基础用例的行为
执行过程	包含用例一定会执行	扩展用例可能被执行
对基础用例的要求	在没有包含用例的情况下，基础用例可以是也可以不是良构的	在没有扩展用例的情况下，基础用例一定是良构的
表示法	箭头指向包含用例	箭头指向基础用例
基础用例对增强行为的可见性	基础用例可以看到包含用例，并决定包含用例的执行	基础用例对扩展用例一无所知
基础用例每执行一次，增强行为的执行次数	只执行一次	取决于条件，执行零到多次

习　题

一、选择题

1. 下列关于用例模型的描述，错误的一项是(　　)。

A. 促成开发人员和客户共同协商系统需求

B. 明确系统的基本功能，为后续阶段的工作打下基础

C. 通过用例文档可以为系统功能提供清晰的描述

D. 构建软件系统的物理架构

2. 用例之间的关系不包括(　　)的关系。

A. 包含(Include)　　B. 扩展(Extend)

C. 泛化(Generalization)　　D. 关联(Association)

3. 下列用例图正确的是(　　)。

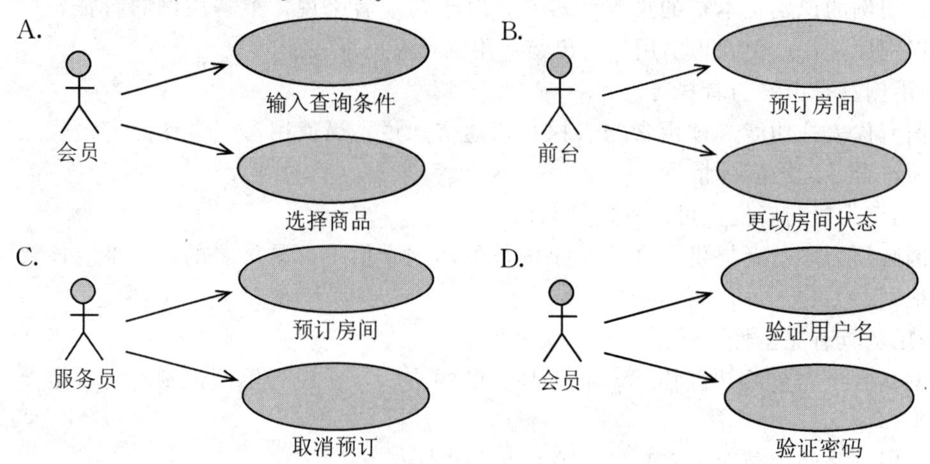

4. 以下不是用例文档需要表达的基本元素的是(　　)。

A. 用例名　　B. 参与者

C. 前置条件和后置条件　　D. 关系

5. 在某系统的操作中，假定用户可以通过密码和指纹两种手段登录系统，那么“用密码登录”和“用指纹登录”这两个用例和“登录”用例之间属于(　　)关系。

A. 关联　　B. 包含　　C. 扩展　　D. 泛化

6. 在UML中，有3种基本构造块，分别是(　　)。

A. 事物、关系和图　　B. 注释、关系和图

C. 事物、关系和结构　　D. 注释、关系和结构

二、填空题

1. 在UML中，________是指存在于系统外部并直接与系统进行交互的人或物，________规定了系统或部分系统的行为，它描述了系统所执行的动作序列集，并为参与者产生了一个可观察的结果值。

2. 从参与者的表现形式来看，参与者可以是________、外部系统、进程等。

3. 用例之间的关系有________、________、________。

4. 如果将用例图比作一本书的目录，那么________就是目录对应的书的内容。

第 4 章　静态建模

系统的静态模型描述的是系统所操纵的数据块之间持有的结构上的关系。它们描述数据如何分配到对象之中，这些对象如何分类，以及它们之间可以具有什么关系。类图和对象图是两种最重要的静态模型，它们显示了系统的静态结构，其中，类、对象和关联是图形元素的基础。由于类图表达的是系统的静态结构，所以在系统的整个生命周期中，这种描述都是有效的。对象图则提供了系统的一个“快照”，显示在给定时间内实际存在的对象以及它们之间的联系。可以为一个系统绘制多个不同的对象图，每个对象图都代表系统在某一个给定时刻的状态。本章主要内容包括：静态建模概述、类图、对象图。

本章学习目标

- 了解静态模型。
- 掌握系统中类的识别：边界类、控制类、实体类。
- 掌握系统中类之间关系的识别。
- 掌握类图的应用。
- 掌握对象图。

4.1　静态建模概述

用例模型描述的是参与者和系统边界之间的交互操作，系统本身是一个黑盒系统，带有外部才能看到的接口。因此，用例模型并不能全面地描述系统，开发人员仅通过这些模型也无法全面理解问题。在 UML 软件开发过程中的系统分析和设计阶段，都会涉及类和对象建模，类和对象建模用于描述系统的静态结构。

自然界中存在的事物，大多都是类和对象的关系，因此，可以借用自然界中类和对象的表示方法，在计算机的软件系统中描述和实现类和对象，从而达到利用面向对象方法在计算机的软件系统中表示事物、处理事物的目的。

静态模型用于描述系统的组织和结构。UML 的静态建模主要通过类图和对象图从一个相对静止的状态来分析系统所包含的类和对象，以及它们之间的关系等。

4.2 类图

4.2.1 类图概述

类图是用来描述软件系统中的类以及类之间的关系的一种图示，类图是构建其他图的基础。类图的主要目的在于描述系统的构成方式，而不涉及系统是如何协作运行的。

在 UML 图形表示中，类的表示法是一个矩形。类图的基本元素主要包括：类的名称、类的属性、类的操作和类之间的关系。其中，类的名称位于矩形的顶端、类的属性位于矩形的中间部位，类的操作位于矩形的底部。

在 UML 中，主要有 3 种类图，分别是边界类、控制类和实体类。而类之间的关系有关联关系(聚合、组合)、泛化关系、依赖关系和实现关系。类图如图 4-1 所示，下面将对这些概念进行介绍。

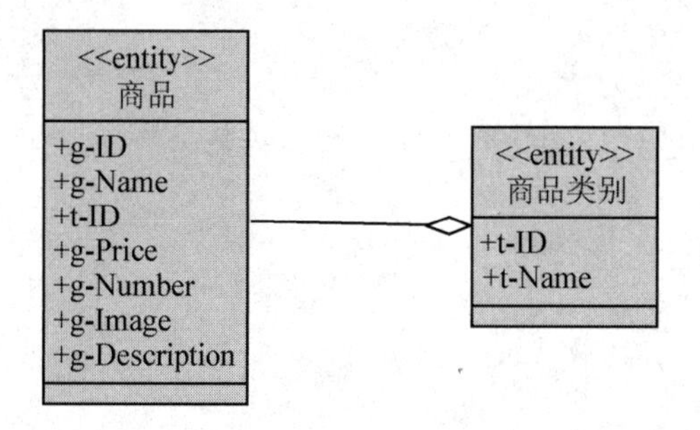

图 4-1 类图示例

1. 类的名称

类的名称，即类图中类名，类的命名应遵循以下原则。

(1)采用名词或者名词短语对类命名，命名要有意义，即“见名知义”，避免使用毫无实际意义的字符和数字。

(2)类的名字应该能够反映每个对象个体。例如，用“学生”而不用“学生们”，用“书”而不用“书籍”。

(3)按照 UML 的约定，如果类的名称是个单词，那么该单词首字母应当大写，如果类的名称是由两个单词组成，那么将这两个单词合并，第二个单词的首字母也应当大写。

2. 类的属性

属性用于描述数据特征，同一个类在不同的问题域中，所识别出来的重要属性是不一样的，或者说属性的描述是不一样的。例如，类“用户”在网上购物商城中是以“买家”身份体现，因此，要具有收货地址、联系电话等属性；而在图书管理系统中是以“读者”身份体现，因此，要具有借阅证号、读者类别等属性。

【属性示例】

情景1：网上购物商城。

类：买家。

属性：收货地址、联系电话等。

情景2：图书管理系统。

类：读者。

属性：借阅证号、读者类别等。

3. 类的操作

类的操作说明了该类能做些什么工作，通常又称为函数或方法，它是类的一个组成部分，是类的行为特征。同样，定义类的操作，也与问题域相关，应研究问题域和系统责任，以明确各个类应该设定哪些操作以及如何定义这些操作。

在类图中，类表示为一个矩形框。其中，矩形框第一格是类名；第二格是类的属性；第三格是类的操作，如图4-2所示。

类名
+属性
+操作()

图4-2　类的表示法

属性和操作的可见性表示法为＋(公共的)、－(私有的)、#(受保护的)、～(包范围的)，如表4-1所示。

表4-1　属性和操作的可见性

可见性	英文限定符	UML标准图示
公共的	Public	＋
私有的	Private	－
受保护的	Protected	#
包范围的	Internal	～

4. 类之间的关系

(1)关联关系。

关联关系表示两个类之间存在的某种语义上的联系，它是一种结构关系，指明一种事物的对象与另一种事物的对象之间的联系，即“从一个对象可以访问另一个对象”。如果两个对象之间是可以相互访问的，那么这是一个双向关联关系；否则，称之为单向关联关系。例如，一个学院有很多班级，每个班级都有学生，那么，学院、班级、学生之间就存在着关联关系。对于构造一个复杂系统的模型来说，能够从需求分析中识别出类以及类之间的关联关系是非常重要的。

特殊情况下，关联关系还可以使用名称、角色、多重性、导航性、聚合关系、组合关系等进行修饰，下面将对这些修饰进行详细介绍。

①名称。一个类与自身的关联称为自关联，存在于两个类之间的关联称为二元关联，存在于三个或三个以上的类之间的关联称为N元关联，多数关联关系是二元的(即只存在于两个类之间)。

在UML类图设计中，使用实线连接两个类表示关联关系。既可以是关联关系具有的名称，也可以是各关联关系角色具有的名称，最好采用角色名称，因为它们能表达更多信息。

在关联关系中，可以使用一个动词或动词短语来给其命名，从而清晰、简洁地说明关联关系的具体含义。关联关系的名称显示在关联关系中间，如图 4-3 所示，买家购买商品，对买家和商品之间的关联关系进行命名。

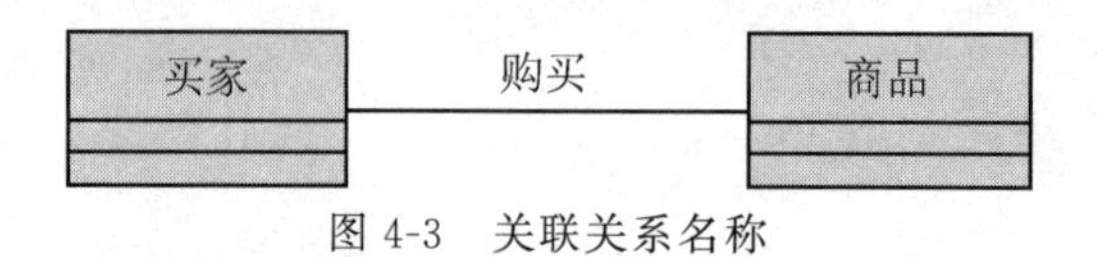

图 4-3　关联关系名称

②角色。关联关系中一个类对另一个类所表现出来的职责，可以使用角色名称进行描述。关联关系的两端为角色，角色规定了类在关联关系中所起的作用。每个角色都必须有名称，而且对应一个类的所有角色名称都必须是唯一的。角色名称应该是能解释对象是如何参与关系的名词或名词短语。

注意，关联关系名称和角色名称的使用是互斥的，不能同时使用关联关系名称和角色名称。角色名称通常比关联关系名称更可取，除非没有足够的信息来正确命名角色(这常见于分析阶段中，在设计阶段中应始终使用角色名称)。角色名称紧邻关联关系实线的末端，角色名称如图 4-4 所示。

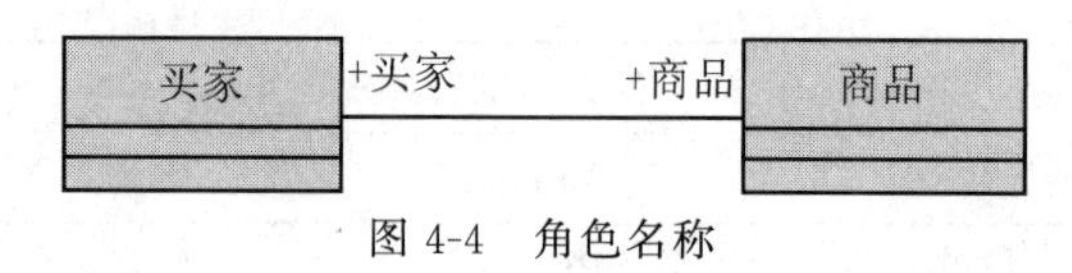

图 4-4　角色名称

③多重性。关联关系的多重性在类图中表示类在关联中的数量关系。在 UML 中，多重性用“..”分隔开的区间表示，其格式为“minimum..maximum”。在关联关系中，一个端点的多重性表示该端点可以有多少个对象与另一个端点的一个对象有关系。常用的多重性表示方法如表 4-2 所示。

表 4-2　常用的多重性表示方法

表示方法	说明
1	表示另一个类的一个对象只与该类的一个对象有关系
0..*	表示另一个类的一个对象只与该类的零到多个对象有关系
1..*	表示另一个类的一个对象只与该类的一到多个对象有关系
0..1	表示另一个类的一个对象只与该类的零到一个对象有关系
m..n	表示另一个类的一个对象只与该类的 m 到 n 个对象有关系

多重性表示如图 4-5 所示，该多重性的含义是，一个买家可以购买零件或者多件商品，一件商品可以被零个或者多个买家购买。

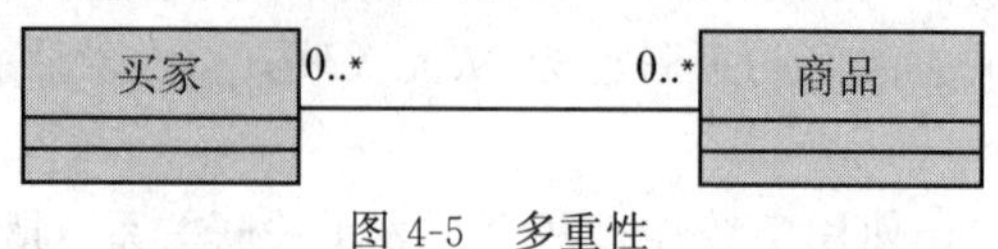

图 4-5　多重性

④导航性。关联关系的导航性描述的是一个对象通过导航访问另一个对象，对一个关联端点设置导航性意味着本端点的对象可以被另一端的对象访问。在 UML 中，通过在关联关系上加箭头表示导航方向，在一个方向上加箭头表示单向关联关系，在两个方向上加箭头表示双向关联关系，如图 4-6 所示。

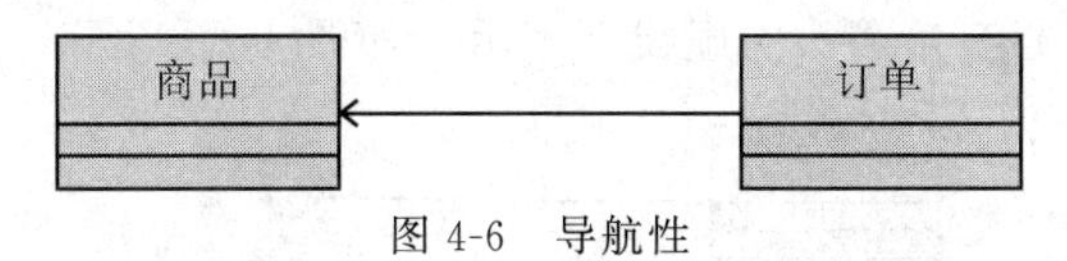

图 4-6 导航性

⑤聚合关系。聚合关系是一种特殊的关联关系，体现类之间整体和部分的关系，如公司和员工、班级和学生、汽车和轮子、计算机和 CPU 的关系等。聚合的常用识别方法是通过“由……构成”“是……的一部分”“包含”等词语来寻找，这些词语可以很好地反映类之间整体和部分的关系。在 UML 中，聚合使用带空心菱形头的实线表示，如图 4-7 所示，商品类别是整体方，商品是部分方。

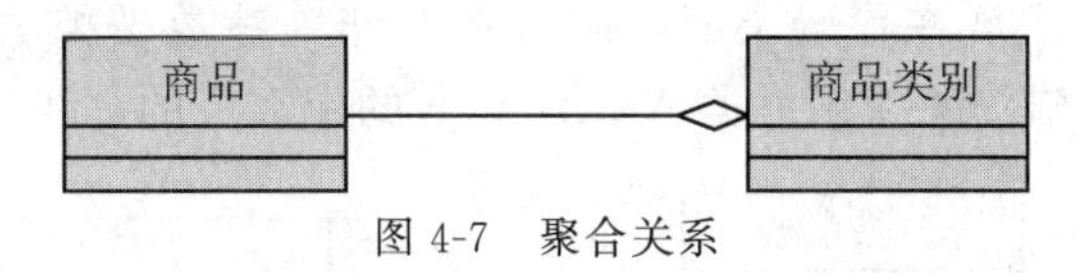

图 4-7 聚合关系

⑥组合关系。组合关系也是一种特殊的关联关系，这种关系比聚合关系更强，也称为强聚合关系。它同样体现了类之间整体和部分的关系，但此时整体和部分是不可分的，整体的生命周期决定着部分的生命周期，如人和人的大脑、树和树叶的关系等。在 UML 中，组合使用带实心菱形头的实线表示，其中头部指向整体，如图 4-8 所示。

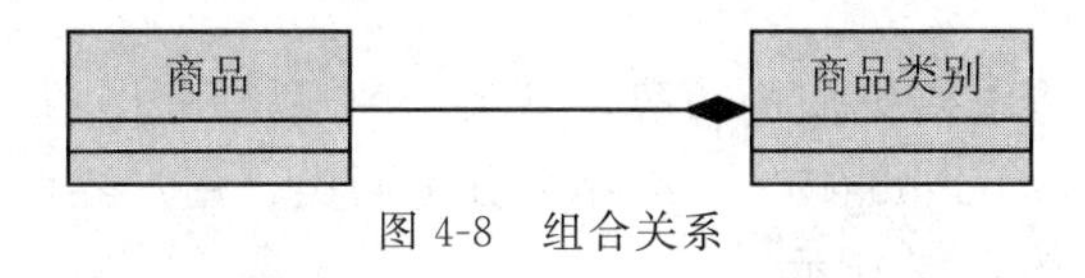

图 4-8 组合关系

(2)泛化关系。

泛化也称为继承，指的是一个类(称为子类、派生类)继承另一个类(称为父类、基类)的功能，并有可以增加自己的新功能的能力。泛化关系描述的是“is a kind of”(是……的一种)的关系，它使父类能够与具体的子类连接在一起，有利于对类的简化描述，可以不用添加多余的属性和操作信息，通过相关继承机制方便地从其父类继承相关的属性和操作。在 Java 中，此类关系通过关键字 extends 明确标识。在 UML 类图设计中，泛化关系用一条带空心三角箭头的实线表示，从子类指向父类，如图 4-9 所示。

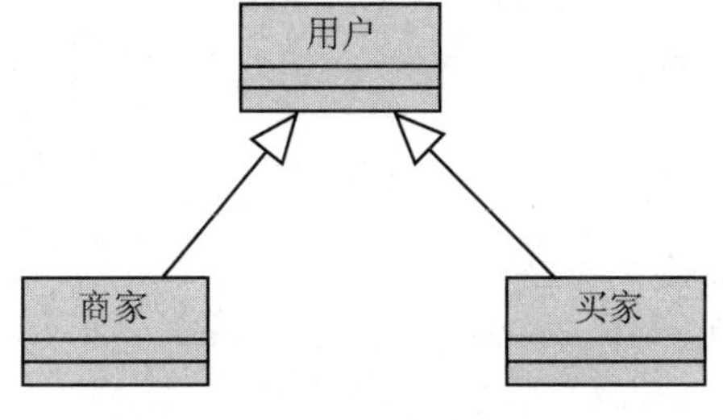

图 4-9 泛化关系

(3)实现关系。

实现指的是一个类实现接口(可以是多个)的功能，实现关系是类与接口之间最常见的关系。在Java中，此类关系通过关键字implements明确标识，在UML类图设计中，实现关系用一条带空心三角箭头的虚线表示，从类指向实现的接口，当接口直接使用接口图标(圆圈)时，带空心三角箭头的虚线会表示为如图4-10所示。

图4-10　实现关系

(4)依赖关系。

依赖就是一个类A使用了另一个类B，而这种使用关系是具有偶然性和临时性的，但是类B的变化会影响到类A。例如，某人要过河，需要借用一条船，此时人与船之间的关系就是依赖关系。表现在代码层面，即为类B作为参数被类A在某个方法中使用。在UML类图设计中，依赖关系用由类A指向类B的带箭头的虚线表示，如图4-11所示。

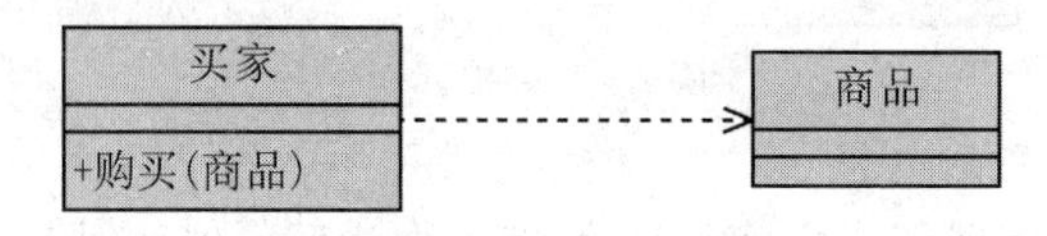

图4-11　依赖关系

4.2.2　边界类

边界类表示系统与参与者之间的边界，是系统的最上层，直接与系统外部参与者交互，边界类的构造型为≪boundary≫，边界类分为两类：用户界面类和系统(设备)接口类。边界类的表示法如图4-12所示。

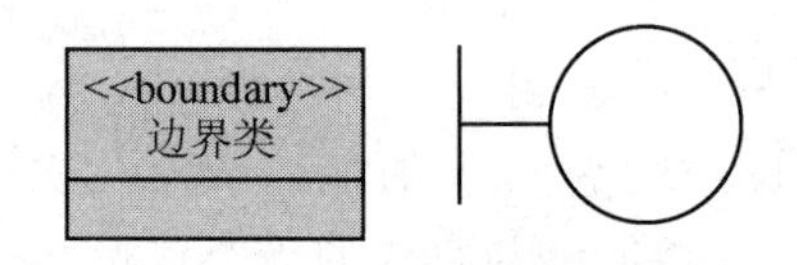

图4-12　边界类的表示法

1. 识别边界类

(1)用户界面类。

①关注展示给用户的信息。

②不关注用户界面细节。

(2)系统(设备)接口类。

①关注系统必须定义的协议。

②不关注协议如何实现。

2. 识别边界类示例

图 4-13 为网上购物商城边界类示例。

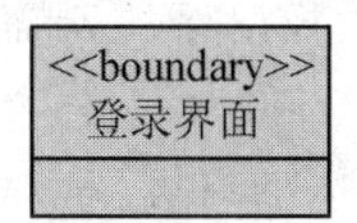

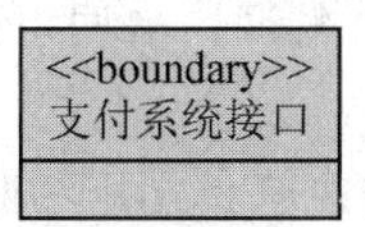

图 4-13 网上购物商城边界类示例

4.2.3 控制类

控制类表示系统的控制逻辑，是三层架构的中间层，它控制系统中对象之间的交互，控制类的构造型为≪control≫。控制类的表示法如图 4-14 所示。

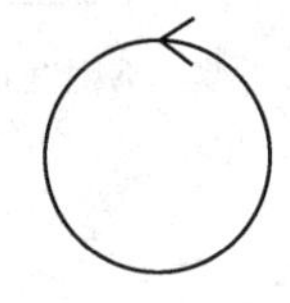

图 4-14 控制类的表示法

1. 识别控制类

①在系统开发早期，为一个用例定义一个控制类，负责该用例的控制逻辑。

②针对复杂用例，可为备选路径分别定义不同的控制类。

2. 识别控制类示例

图 4-15 为网上购物商城控制类示例。

图 4-15 网上购物商城控制类示例

4.2.4 实体类

实体类表示系统的逻辑数据结构，代表了待开发系统的核心概念，是整个分析阶段的重点和难点，用于记录系统所需要维护的数据和对这些数据的处理行为。实体类的构造型为≪entity≫，实体类的表示法如图 4-16 所示。

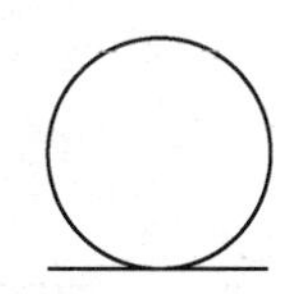

图 4-16 实体类的表示法

1. 识别实体类

名词筛选法识别实体类的基本思路如下。

(1)分析用例事件流中的名词、名词短语，找出系统所需的实体对象，并抽象成类，形成实体类初始候选列表。

(2)综合考虑在系统中的意义、作用和职责，合并含义相同的名词、删除系统不需要处理的名词与作为其他实体类属性的名词，并对所识别的实体类进行命名。

2. 识别实体类示例

图 4-17 为网上购物商城实体类示例。

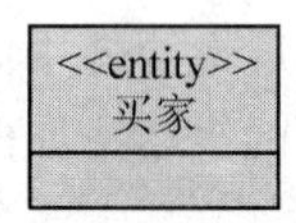

图 4-17　网上购物商城实体类示例

4.2.5　类图的应用

1. 绘制类图的步骤

(1)确定类元素。

根据网上购物商城案例概述，结合实际应用，分析系统中的类，确定类元素。在最初的分析阶段，只需要识别系统中的实体类即可。该系统的实体类如图 4-18 所示。

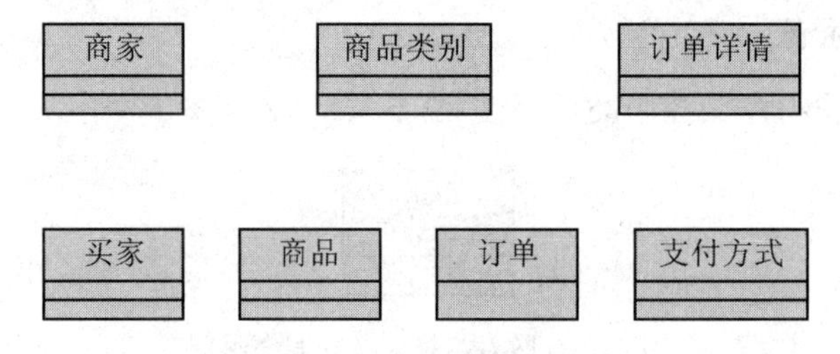

图 4-18　网上购物商城的实体类

(2)添加类的属性。

在确定了系统中的实体类后，需要根据类的职责来确定类的属性与操作。在实际开发过程中，这往往是一个需要多次迭代的过程，即需要多次明确其语义并添加新内容。在最初的分析阶段，只要能大致描述类在整个系统中的作用即可，一般只需要指定类的属性名称、类型和可见性，这也将作为后续数据库设计的基础。网上购物商城的类属性如表 4-3～表 4-9 所示。

表 4-3　商家类属性表

属性名称	含义	属性类型	可见性
u_ID	商家账号	varchar	Public

续表

属性名称	含义	属性类型	可见性
u_Name	商家名称	varchar	Public
u_Password	密码	varchar	Public
u_Type	类型	varchar	Public

表 4-4 买家类属性表

属性名称	含义	属性类型	可见性
c_ID	买家账号	varchar	Public
c_Name	买家姓名	varchar	Public
c_Password	密码	varchar	Public
c_Mobile	手机号码	varchar	Public
c_Address	地址	varchar	Public
c_Email	电子邮箱	varchar	Public

表 4-5 商品类属性表

属性名称	含义	属性类型	可见性
g_ID	商品编号	varchar	Public
g_Name	商品名称	varchar	Public
t_ID	商品类别	varchar	Public
g_Price	商品价格	float	Public
g_Number	商品数量	Int	Public
g_Image	商品图片	varchar	Public
g_Description	商品描述	varchar	Public

表 4-6 商品类别类属性表

属性名称	含义	属性类型	可见性
t_ID	类别编号	varchar	Public
t_Name	类别名称	varchar	Public
t_Description	类别描述	varchar	Public

表 4-7 订单类属性表

属性名称	含义	属性类型	可见性
o_ID	订单编号	varchar	Public
c_ID	买家编号	varchar	Public

续表

属性名称	含义	属性类型	可见性
o_Date	订单日期	datetime	Public
o_Amount	订单金额	float	Public
p_ID	支付方式	varchar	Public
o_Status	订单状态	varchar	Public

表 4-8　订单详情类属性表

属性名称	含义	属性类型	可见性
d_ID	编号	varchar	Public
o_ID	订单编号	varchar	Public
g_ID	商品编号	varchar	Public
d_Price	购买价格	float	Public
d_Number	购买数量	Int	Public

表 4-9　支付方式类属性表

属性名称	含义	属性类型	可见性
p_ID	支付编号	varchar	Public
p_Mode	支付方式名称	varchar	Public

(3)确定类图中的关系。

在确定了类的基本内容之后，还需要添加类的关系来完善类图的内容，类图中的类需要通过关系的联系才能互相协作，发挥完整的作用。该系统中的实体类之间的关系如表 4-10 所示。

表 4-10　网上购物商城实体类之间的关系

编号	类 A	类 B	关系
1	商家	买家	关联(多重性)
2	商家	商品类别	关联(多重性)
3	商家	商品	关联(多重性)
4	买家	商品	关联(多重性)
5	商品	商品类别	聚合
6	商品	订单	关联(多重性)
7	订单	订单详情	关联(多重性)
8	订单	支付方式	关联(多重性)

(4)使用类图生成代码。

在类图绘制完毕后，可以利用正向工程来生成对应的代码。

3. 绘制网上购物商城类图

网上购物商城类图如图 4-19 所示。

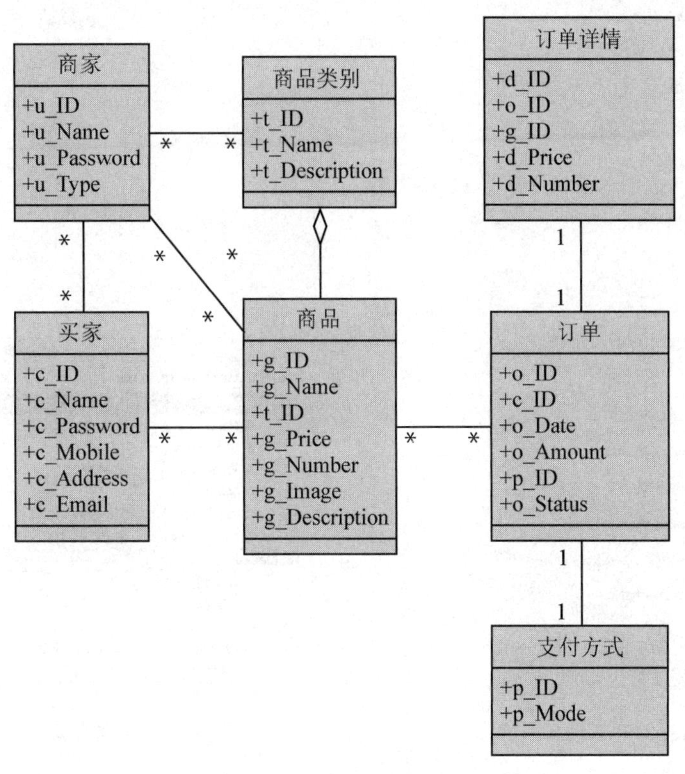

图 4-19 网上购物商城类图

4.2.6 使用 StarUML 创建类图

打开 StarUML，选中模型，右击，在弹出的快捷菜单中选择“Add Diagram”→“Class Diagram”选项，创建一个新的类图。类图工具箱如图 4-20 所示。

1. 创建类

首先，单击工具箱上类的图标；其次，在类图编辑区的空白区域单击即可画出一个类。双击类的图标，即可为类命名，同时也可以添加类的属性和操作。另外，也可以在选中相应的类之后，通过窗口右下方的属性窗口编辑类的属性，如图 4-21 所示。通过选择“Attributes”选项可以打开类属性编辑窗口，如图 4-22 所示，设置类的属性；通过选择“Operations”选项可以打开类操作编辑窗口，如图 4-23 所示，设置类的操作。

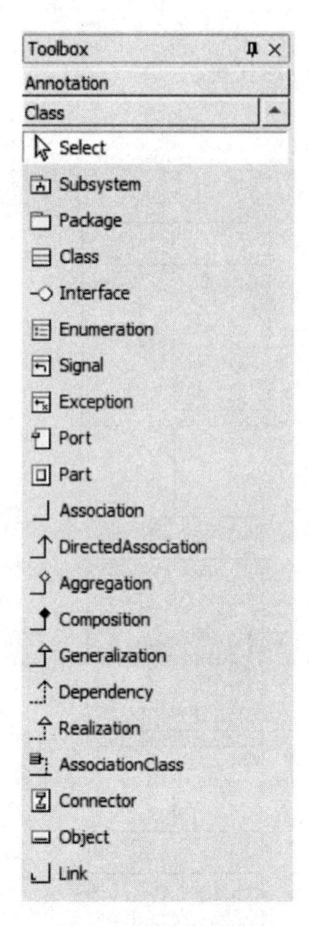

图 4-20　类图工具箱

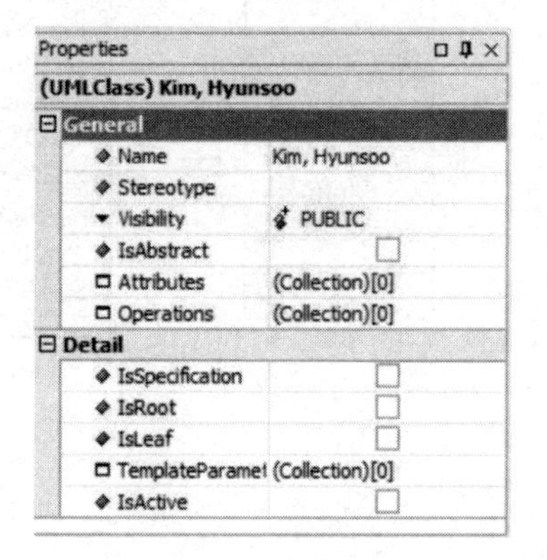

图 4-21　类属性窗口

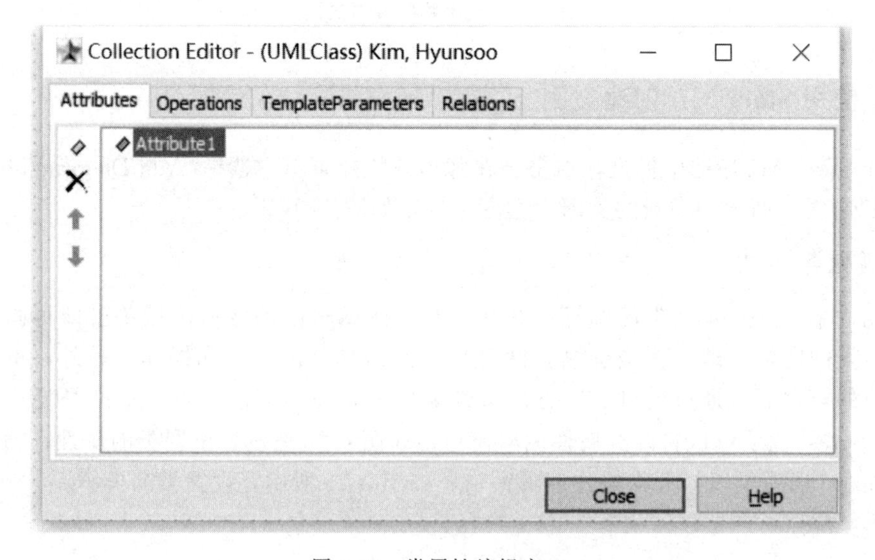

图 4-22　类属性编辑窗口

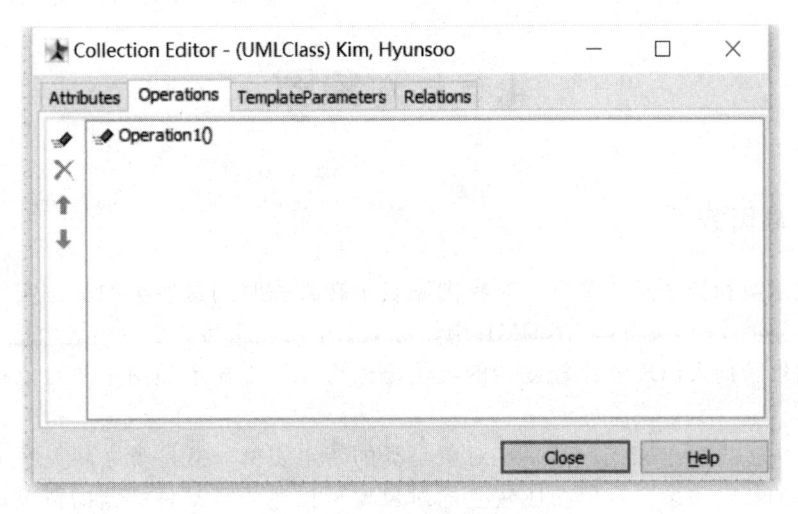

图 4-23 类操作编辑窗口

添加类的属性，需要指定属性访问级别、属性名和属性的类型等；添加类的操作，需要指定操作访问级别、操作名和操作的返回类型等。

2. 创建类与类之间的关系

关于类与类之间的关系，前文内容已做了详细介绍。在 StarUML 中，同样只需单击工具箱上的关系图标，在类之间拖动即可生成相应关系；如果需要删除关系，选中关系线条，按“Delete”键即可。在关联关系中，可以通过属性窗口的“End 1. Multiplicity”属性设置两端的多重性，如图 4-24 所示。

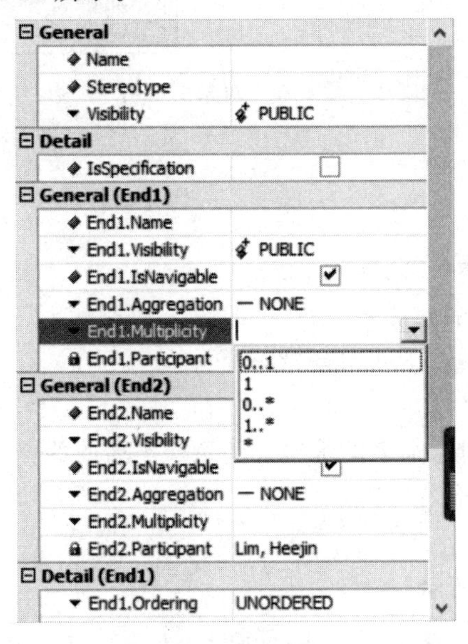

图 4-24 设置多重性

4.3 对象图

4.3.1 对象图概述

类图表示类和类之间的关系，对象图则表示在某一时刻这些类的具体实例之间的关系。对象是类的实例，所以，在 UML 中，对象图中的概念和类图中的概念是一致的。对象图可以用来帮助人们理解比较复杂的类图，也可以用于显示类图中的对象在某一时刻的连接关系。

对象图中包含对象和链，其中，对象是类的特定实例，链是类之间关系的实例，表示对象之间的特定关系。对象图所建立的对象模型描述的是某种特定的情况，而类图所建立的模型表述的是通用的情况。对象图示例如图 4-25 所示。

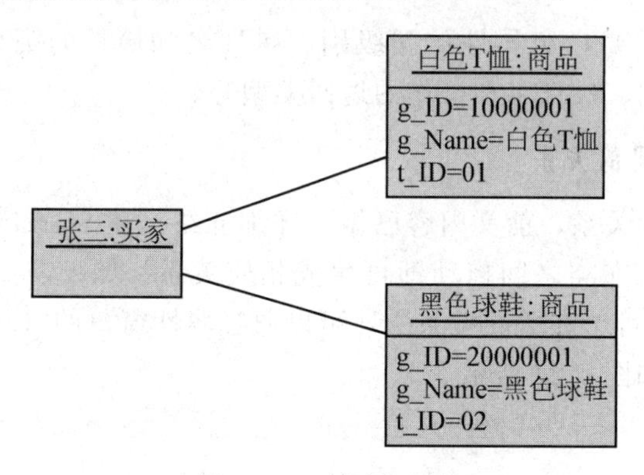

图 4-25 对象图示例

4.3.2 对象图的组成

对象名有以下 3 种表示格式。

(1)第一种格式：对象名：类名。

对象名在前，类名在后，中间用冒号隔开。

(2)第二种格式：：类名。

这种格式用于尚未给对象命名的情况。注意，类名前的冒号不能省略。

(3)第三种格式：对象名。

这个格式省略类名。

对象名示例如图 4-26 所示。

图 4-26 对象名示例

1. 对象

对象是类的实例，是一个封装了属性和行为的、具有良好边界和标识符的离散实体。对象通过类型、名称和属性区别于其他对象而存在。

与类的表示法相同的是，对象的属性栏位于名称栏的下方。对象的属性由对象的所有属性以及运行时的当前值组成，对象的属性一般是动态的，因此，在对对象进行可视化建模时，实际上是在给定的时间和空间上描述其属性值。

与类的表示法不同的是，由于同一个类的所有对象都拥有相同的操作，没有必要在对象的层次中体现操作，所以对象的表示法中没有操作栏。

2. 链

链是关联关系的实例，是两个或多个对象之间的独立连接。因此，链在对象中的作用就类似于关联关系在类图中的作用，在 UML 中，链同样使用一条实线来表示，如图 4-27 所示。

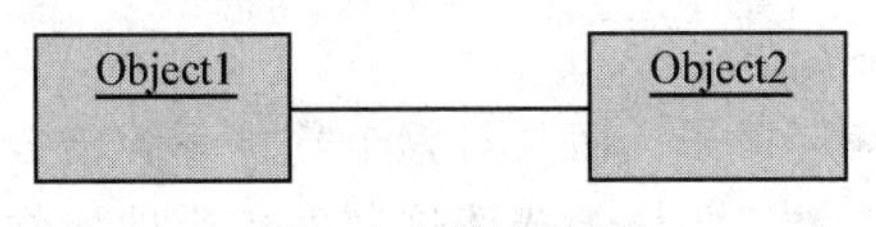

图 4-27 链的示例

链主要用来导航。链一端的一个对象可以得到另一端的一个或一组对象，然后向其发送消息。链的每一端也可以显示一个角色名称，但不能显示多重性，因为实例之间没有多重性。

4.3.3 对象图 VS 类图

对象图和类图的比较如表 4-11 所示。

表 4-11 对象图和类图的比较

比较项	类图	对象图
描述方式	类图包含 3 个部分，分别是类名、类的属性和类的操作	对象图包含两个部分，分别是对象名和对象的属性
名称表示	类名	3 种表示方式如下。 (1)对象名：类名 (2)：类名 (3)对象名
属性表示	定义了所有属性的特征	只定义了属性的当前值
操作表示	类图中列出了操作	对象图中不包含操作内容，因为对属于同一个类的对象，其操作是相同的
关系	在类的关联关系中，关联使用名称、角色、导航性及多重性等特征进行定义	对象使用链连接，链只包含名称和角色，没有多重性，对象代表的是单独的实例，所有的链都是一对一的

小白问答

问： 在静态建模中，类图和对象图哪个比较常用？

答： 类图比较常用。类图是最常用的 UML 图，它是构建其他模型的基础，没有类图，就没有对象图、状态图、通信图等其他模型图，也就无法表达系统的动态行为。同时，类图也是面向对象编程的起点和依据，是数据库设计的指导。

问： 使用类图建模时，是否要画出所有的类，包括边界类、控制类和实体类？

答： 如果想要描述某个特定情景中类之间的关系，那么就需要识别出该情景中所有的类，描述出边界类、控制类和实体类之间的关系，这也将成为后续构建顺序图的基础。

【示例】

会员支付业务情景，如图 4-28 所示。

参与者：会员、银行支付系统。

边界类：支付界面类、银行支付系统接口类。

控制类：支付控制类。

实体类：支付信息、会员账号。

但如果不是针对某个特定情景，而是对整个软件系统的静态结构进行建模，那么通常只需要识别该系统的实体类，并详细描述这些实体类的属性即可，这将成为后续数据库设计的基础。

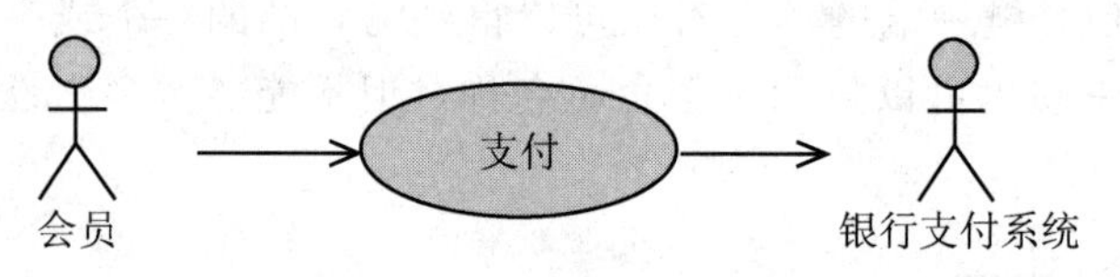

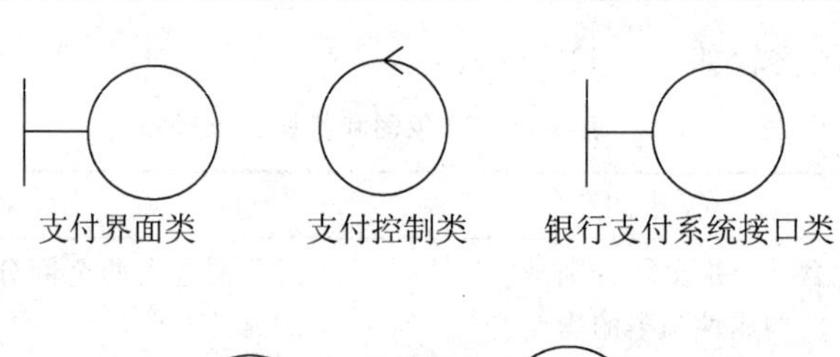

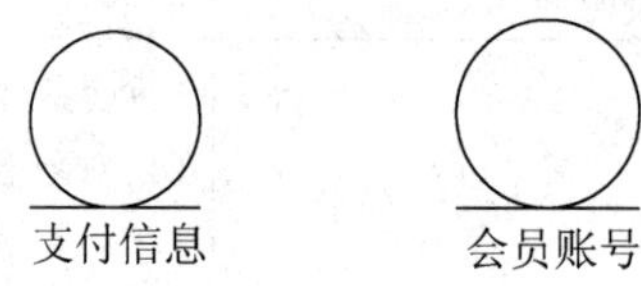

图 4-28　分析类

习　题

一、选择题

1. UML 中的类有 3 种，下面(　　)不是其中之一。

A. 抽象类　　　　B. 实体类　　　　C. 控制类　　　　D. 边界类

2. 以下是“图书管理系统”的相关类，不属于实体类的是（　　）。

A. 图书类　　B. 读者类

C. 借阅记录类　　D. 借阅界面类

3. 以下是“网上购物商城”的相关类，不属于边界类的是（　　）。

A. 登录界面类　　B. 支付界面类

C. 银行支付系统接口类　　D. 商品类

4.“交通工具”类和“汽车”类之间的关系属于（　　）关系。

A. 聚合　　B. 组合　　C. 泛化　　D. 实现

5.“球队”类和“球员”类之间的关系属于（　　）关系。

A. 聚合　　B. 泛化　　C. 实现　　D. 依赖

6. 如果一个类和另一个类之间的关系可描述为“is a kind of(是……的一种)”，那么这两个类之间的关系属于（　　）关系。

A. 聚合　　B. 组合　　C. 泛化　　D. 实现

7. 当类的属性和操作添加了（　　）限定符后，表示该属性和操作只对本类可见，不能被其他类访问。

A. Public　　B. Private　　C. Protected　　D. Package

8. 下列关于类图的说法正确的是（　　）。

A. 类图是由类、组件、包等模型元素以及它们之间的关系构成的

B. 类图的目的在于描述系统的运行方式

C. 类图通过系统中类和类之间的关系描述了系统的静态特征

D. 类图中类之间的关系有泛化关系、依赖关系、实现关系和分解关系

二、填空题

1. ________是用来描述软件系统中的类以及类之间关系的一种图示，是构建其他图的基础。

2. 在 UML 中，在进行类分析时，主要有 3 种类，分别是________、________和________。

3. 在对象图中，________是类的特定实例，________是类之间关系的实例，表示对象间的特定关系。

4. 在 UML 图形表示中，________的表示法是一个矩形。其中，________位于矩形的顶端，________位于矩形的中间部位，________位于矩形的底部。

第 5 章　动态建模

在 UML 软件开发过程中，对对象的动态行为建模是一件重要的工作。动态建模是从用例的执行过程、对象之间的消息传递、对象的状态变化等角度对软件系统中的动态特征进行描述的。本章主要内容包括：动态建模概述、顺序图、通信图、活动图和状态图。

本章学习目标

- 了解动态模型。
- 掌握顺序图的组成和应用。
- 掌握通信图的组成和应用。
- 掌握活动图的组成和应用。
- 掌握状态图的组成和应用。

5.1　动态建模概述

用例模型对系统的功能进行描述和建模，但其所关注的重点是系统能做什么(What)，而怎么做(How)才能实现系统的功能在用例模型中并未涉及。另外，在静态模型中，确定了所构建系统的类，并且确定了类之间的关系、类的属性和类的操作，然而，类之间的关系是否确切，以及类的操作定义是否合理都没有准确的标准进行评判，这些内容都必须放在系统的动态运行场景中才能正确认识，合理解释。

动态模型用于描述系统的行为和动作，UML 的动态建模主要使用顺序图、通信图、活动图和状态图。

在 UML 中，静态建模用于描述系统的组织和结构，而动态建模则用于描述系统的行为和动作，两者共同构建和描述系统的整体模型。静态建模是动态建模的基础，动态建模是静态建模的深化和拓展。

5.2　顺序图

5.2.1　顺序图概述

顺序图描述了对象之间传送消息的时间顺序，可以理解为，它将用例文档中的事件流通过图形化的方式表示出来，它描述了对象之间是如何交互的，并将重点放在消息的序列上。换句话说，它描述了消息是如何在对象间发送和接收，并强调消息的时间顺序。

在 UML 中，顺序图表示为二维图，其中，在横轴上表示交互的对象，按照 A→B→C→E 的顺序识别并放置交互的对象，A(Actor)表示参与者、B(Boundary)表示边界类的对象、C(Control)表示控制类的对象、E(Entity)表示实体类的对象。纵轴是时间轴，时间延着竖线向下延伸。每个交互对象的下方都有一条纵向的虚线，人们称之为“对象的生命线”，当对象存在时，生命线用虚线表示；当对象处于激活状态时(即对象发送或接送消息时)，生命线用细条矩形框表示。消息是对象间的通信，是从一个对象向另一个对象发送信号，或由一个对象调用另一个对象的操作，它表示为从一个对象的生命线指向另一个对象的生命线的箭头，不同的消息类型，消息的表示法也不同。

顺序图可供不同的用户使用，以帮助他们进一步了解系统。

(1)用户：帮助他们进一步了解业务细节，确认系统需求。

(2)分析人员：帮助他们进一步明确用例事件流。

(3)开发人员：帮助他们进一步了解需要开发的对象和对这些对象的操作，了解三层结构中的调用关系。

(4)测试人员：通过事件处理流程的细节开发测试案例。

“登录系统”顺序图如图 5-1 所示。

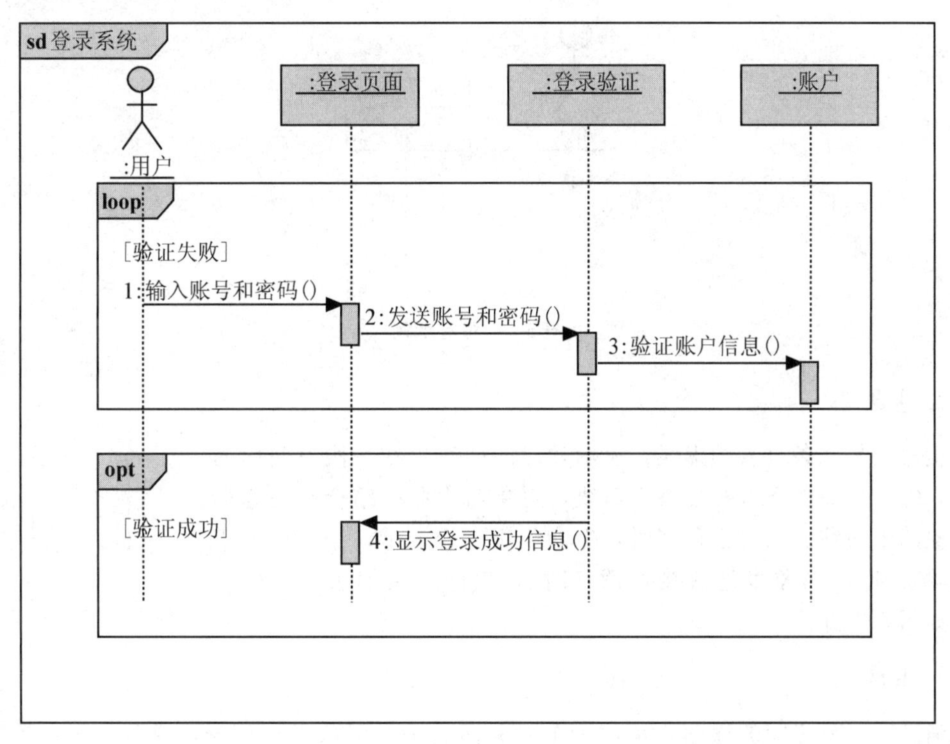

图 5-1 “登录系统”顺序图

5.2.2 顺序图的组成

顺序图主要由对象、生命线、消息和交互片段组成，下面分别对这些组成元素进行介绍。

1. 对象

顺序图中对象的表示和对象图中对象的表示是一样的，都是使用矩形框，并在名称下加下划线。在顺序图中，将对象放置在顶部表示在交互开始时，该对象就已经存在了，如果对象不在顶部，则表示对象是在交互过程中被创建的。对象按照 A→B→C→E 的顺序识别并从左往右放置，如图 5-2 所示。

(1)A(Actor)：表示参与者，指执行该用例的参与者。

(2)B(Boundary)：表示代表边界类的对象，一般是用户界面，也可能是系统/设备接口。

(3)C(Control)：表示代表控制类的对象，它将控制逻辑隐藏起来。

(4)E(Entity)：表示代表实体类的对象，在一个交互过程中，可能有多个实体类对象。

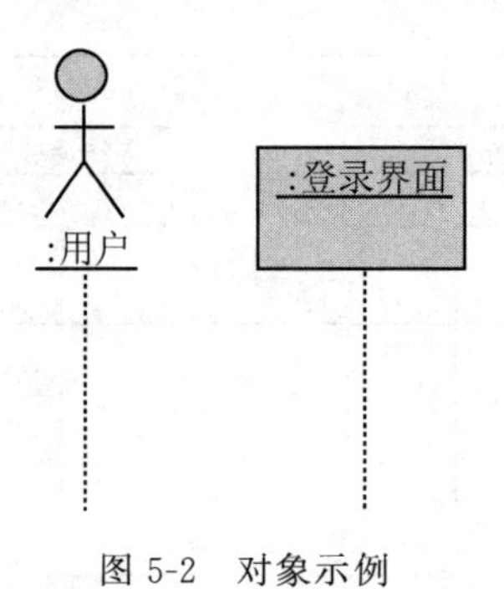

图 5-2　对象示例

2. 生命线

生命线是一条垂直的虚线，表示顺序图中对象在一段时间内的存在，每个对象的下方都带有生命线，对象与生命线结合在一起称为对象的生命线。当对象存在时，生命线用虚线表示，当对象处于激活状态时(即对象发送或接送消息时)，生命线用细条矩形框表示，如图 5-3 所示。

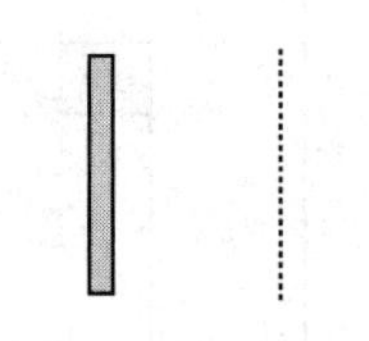

图 5-3　生命线示例

3. 消息

消息是对象之间的通信，是从一个对象向另一个对象发送信号，或由一个对象调用另一个对象的操作，因此，消息可以是信号，也可以是调用。在顺序图中，消息表示为从一个对象的生命线指向另一个对象的生命线的箭头，对于某一对象发给自己的消息，箭头的起点和终点都在同一条生命线上，该消息称之为自调用消息，消息按照时间顺序从图的顶部到底部垂直排列。

在传送一个消息时，对消息的接收往往会产生一个动作，这个动作可能引发目标对象以及该对象可以访问的其他对象的状态改变。根据消息产生的动作，消息也有不同的表示法。因此，根据表示法的不同，消息主要可以分为简单消息、调用消息、返回消息、创建消息和销毁消息。

(1)简单消息：最常见的消息，也被称为顺序消息，简单消息表示控制流，可以泛指任何交互。当设计不需要复杂的消息类型，或者能很容易判断出顺序图中各个消息的消息类型时，为简单起见，可以将所有的消息都画成简单消息。

(2)调用消息：调用某个对象的一个操作，可以是对象之间的调用，也可以是对对象本身的调用，即自身调用或递归调用。调用属于同步机制，例如，当对象 A 调用对象 B 时，A 会等待 B 执行完所有的调用方法后再继续执行。

(3)返回消息：该消息不是主动发出的，而是一个对象接收到其他对象的消息后返回的消息。为了避免顺序图过于复杂而难以阅读，仅需要绘制出重要的返回消息。

(4)创建消息：创建一个对象时发送的消息，使用构造型为≪create≫。

(5)销毁消息：销毁一个对象时发送的消息，使用构造型为≪destroy≫。

如表 5-1 所示为以上 5 种消息产生的动作所对应的消息类型的表示法。

表 5-1 消息类型

消息类型	UML 表示法
简单消息(SEND)	
调用消息(CALL)	
返回消息(RETURN)	
创建消息(CREATE)	<<create>>
销毁消息(DESTROY)	<<destroy>>

根据消息的并发性来区分，消息可以分为同步消息和异步消息两种。同步是指事务之间非并行执行的一种状态，一般需要一个事务停止工作等待另一个事务工作的完成，这种“暂停-等待”的行为又称为阻塞。同步消息意味着发出该消息的对象将不再继续进行后续工作，专心等待消息接收方返回消息。大多数方法调用都是同步消息，只有在并行程序中才会出现非同步消息，即异步消息。所谓异步消息，即消息发出者在发出消息后，不必等待接收者返回消息即可继续自己的活动和操作，如果异步消息返回，而对象需要接收这个返回消息并调用新的方法，那么这个过程就称为“回调”。

4. 交互片段

顺序图可以通过添加交互片段来描述分支、循环和并行，交互片段在顺序图中用带有标记的矩形区域表示，标记文字表示该交互片段的类型。其常用类型如下。

(1)可选执行(Optional Execution)：标记为“opt”。

表示一种单条件分支，当监护条件为真时，可选执行部分才被执行。

(2)条件执行(Conditional Execution)：标记为“alt”。

表示一种多条件分支，条件执行部分由水平虚线分割为多个子区域，每个子区域都有一个监护条件，代表一个条件分支。只有当监护条件为真时，相应的子区域才被执行，而且每次最多只有一个条件分支被执行；如果没有监护条件为真，则条件执行部分被跳过，没有条件分支被执行。

(3)并行执行(Parallel Execution)：标记为“par”。

表示有两个及两个以上并行的子片段，并行执行部分也由水平虚线分割为多个子区域，每个子区域代表一个并行分支。并行执行部分的所有并行分支是并发执行的，这些并行分支是相互独立的。这里的并行并不是指同时执行，而是指执行没有一定的顺序，各个分支的执行顺序是任意的，当然，分支执行也可重叠，当所有的分支执行完成之后，并行执行结束。

(4)循环执行(Loop Execution)：标记为“loop”。

表示一个循环，当监护条件为真时，循环执行部分就被重复执行；当监护条件为假时，循环执行部分就被跳过，不再执行。

5.2.3 顺序图的应用

1. 绘制顺序图的步骤

(1)确定交互对象。

根据“网上购物商城”案例概述，结合实际应用，明确参与该交互的对象，现以“搜索商品”用例为例，根据前面所述的 A→B→C→E 的方法识别并放置交互的对象，如表 5-2 所示。

表 5-2 “搜索商品”用例交互对象

交互对象类型	交互对象名称	说明
Actor	买家	该用例由参与者买家发起
Boundary	前台买家页面	如果交互涉及的界面较多，无须设计出所有的界面，可以概化边界类的名称，如前台买家页面、后台商家页面或网上购物商城页面等
Control	程序逻辑层	如果交互涉及的过程较为复杂，无须设计出所有的控制逻辑，可以简单描述为程序逻辑层或控制类、控制层等
Entity	商品类别	由于实体类是系统的核心，建议设计时尽量描述具体
Entity	商品	由于实体类是系统的核心，建议设计时尽量描述具体

(2)添加消息。

在确定了参与交互的对象后，就可以在对象之间添加消息传递，因此，需要明确整个交互过程：用户首先在页面上输入商品信息并确认，页面将商品信息发送给程序逻辑层，程序逻辑层查询商品类别和商品信息(可以理解为数据库的商品类别表和商品表)，接收到返回信息后，程序逻辑层再向页面发送查询结果并在页面上显示查询结果信息。可以按时间顺序将消息描述如下。

①用户在页面上输入商品信息。
②页面将用户请求发送给程序逻辑层。
③程序逻辑层获取商品类别。
④返回商品类别。
⑤程序逻辑层获取商品信息。
⑥返回商品信息。
⑦程序逻辑层向页面返回查询结果。
(3)添加交互片段。
根据实际需要添加交互片段。

2. 绘制“网上购物商城”顺序图

如图 5-4 所示为“搜索商品”顺序图。

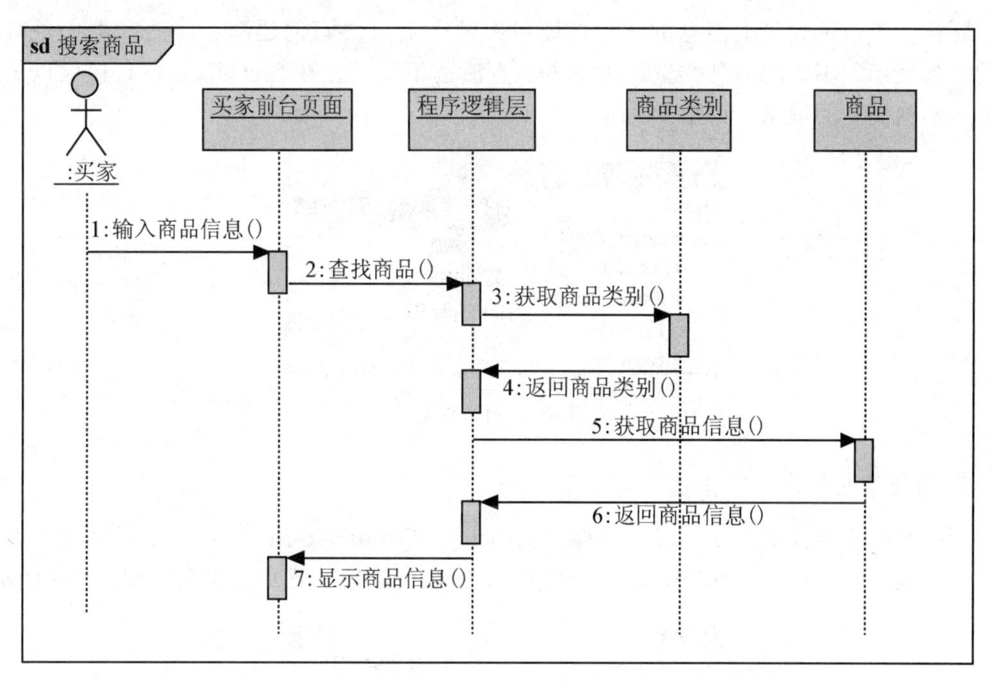

图 5-4 “搜索商品”顺序图

5.2.4 使用 StarUML 创建顺序图

打开 StarUML，选中模型，右击，在弹出的快捷菜单中选择“Add Diagram”→“Sequence Diagram”选项，创建一个新的顺序图。顺序图工具箱如图 5-5 所示。

1. 创建对象

首先，单击工具箱上对象的图标；其次，在顺序图的编辑区空白区域单击即可创建对象；然后，为该对象命名，双击该对象的图标，即可为对象命名，另外，也可以在选中相应的对象之后，通过窗口右下方的属性窗口编辑对象的属性，如图 5-6 所示。

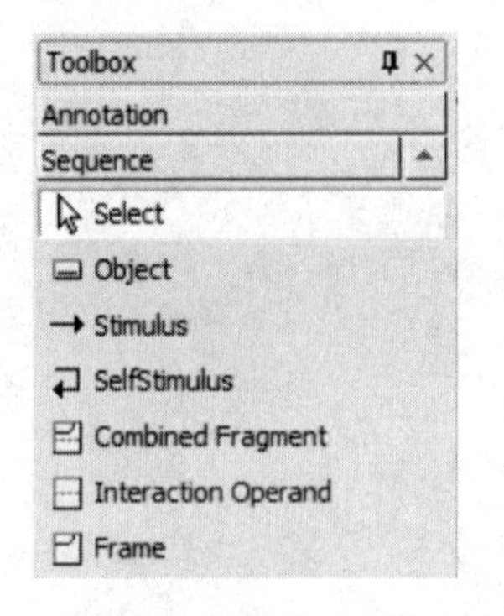

图 5-5　顺序图工具箱

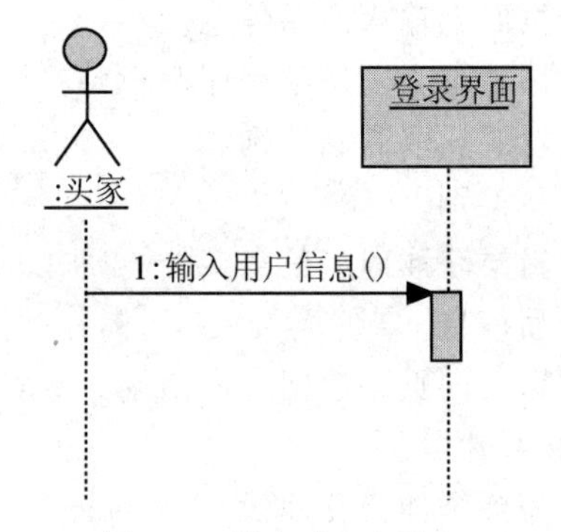

图 5-6　创建对象和消息

2. 创建消息

同样，单击工具箱上消息的图标，即可在两个对象之间创建消息，消息由一条带箭头的线条表示，不同的消息类型，线条表示方法也不一样。在 StarUML 中，提供以下方式表示不同类型的消息，如图 5-7 所示。

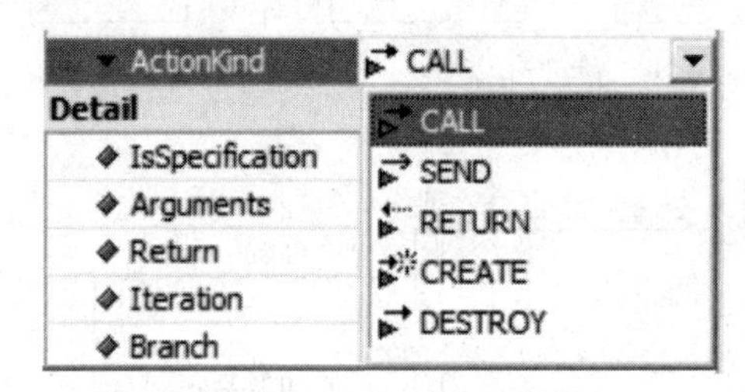

图 5-7　消息类型

3. 添加交互片段

根据实际需要添加交互片段，选择工具箱上的“Combined Fragment”工具添加交互片段，然后根据属性窗口中的“InteractionOperator”属性设置交互片段类型，如图 5-8 所示。

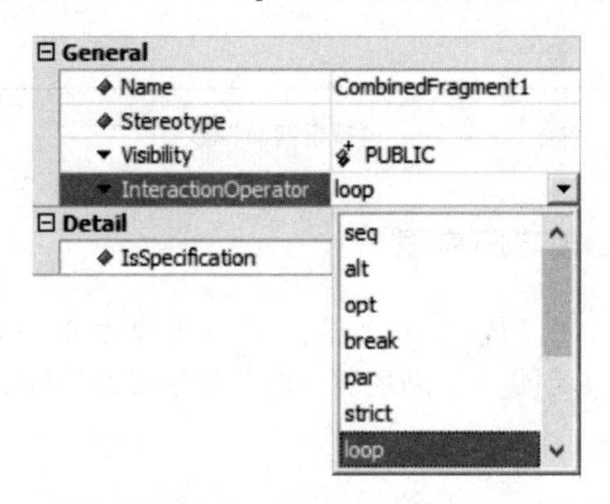

图 5-8　交互片段类型

5.3 通信图

5.3.1 通信图概述

通信图是顺序图之外的另一种表示对象交互的方式。顺序图和通信图都描述交互，但顺序图强调的是时间，而通信图强调的是空间。换言之，顺序图强调的是交互对象发送和接收消息的时间顺序，而通信图强调的是对象结构的相关信息。

通信图也称为协作图，它是描述协作中各个对象之间组织关系的空间组织结构的图形化方式，在使用其进行建模时，可以将其作用分为以下 3 个方面。

(1)通过描绘对象之间消息的传递情况来反映具体使用语境的逻辑表达：一个使用情景的逻辑可能是一个用例的一部分或是一条控制流，这和顺序图的作用类似。

(2)显示对象及其交互关系的空间组织结构：通信图显示了交互过程中各个对象之间的组织交互关系以及对象彼此之间的连接。这点与顺序图不同，通信图显示的是对象之间的关系，而不侧重于交互的顺序，它没有将时间作为一个单独的维度，而是使用序列号来确定消息及并发线程的顺序。

(3)表现一个类操作的实现：通信图可以说明类操作中使用到的参数、局部变量以及返回值。当使用通信图表现一个系统行为时，消息编号对应了程序中嵌套调用的结构和信号传递过程。

“注册会员”通信图如图 5-9 所示。

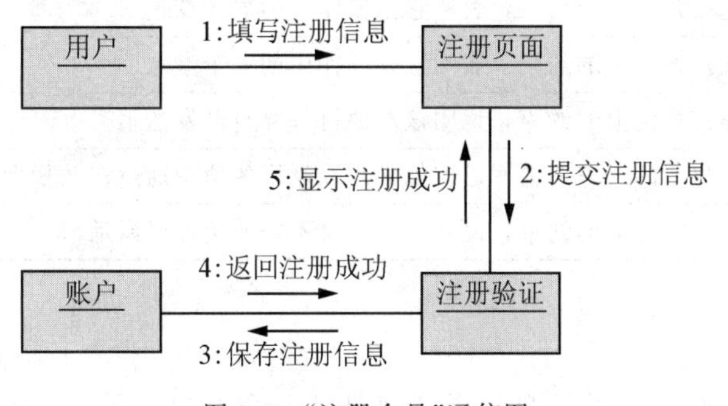

图 5-9 “注册会员”通信图

5.3.2 通信图的组成

通信图主要由对象、链和消息组成，下面分别对这些组成元素进行介绍。

1. 对象

通信图中的对象和顺序图中的对象概念是一致的，都是表示类的实例，因此图形表示方式也是一致的，但与顺序图不同的是，对象在通信图中没有位置的限制。通信图中的对象表示法和对象命名说明如表 5-3 所示。

表 5-3　通信图中的对象表示法和对象命名说明

对象表示法	对象命名说明
Object1	未指定对象所属类名
Object2 : Class2	完全限定对象名
: Class3	未指定对象名

2. 链

通信图中的链与对象图中的链在语义上和表示法上都相同，都表示对象间的连接，是关联的实例，用实线来表示。为了说明一个对象如何与另一个对象连接，可以在连接的末端附上一个路径构造型，这些构造型有 Global、Local、Parameter、Self、Vote 和 Broadcast，这些构造型的含义如表 5-4 所示。

表 5-4　链中使用的构造型的含义

约束名称	含义
Global	加在连接角色上的约束，表示它是操作中的全局变量
Local	加在连接角色上的约束，表示它是操作中的局部变量
Parameter	加在连接角色上的约束，表示它是操作中的一个参数
Self	加在连接角色上的约束，说明该对象可以给自己发送消息
Vote	加在消息上的约束，说明返回值必须在返回的值中通过多数投票才能选出
Broadcast	加在一组消息上的约束，说明这组消息不按一定顺序激活

3. 消息

通信图的消息和顺序图的消息一样，都是从一个对象向另一个对象发送信号，或由一个对象调用另一个对象的操作。通信图的消息需要附加在对象之间的链上，链用于传输或实现消息的传递。

通信图中的消息通过在链的上方或下方添加一个短箭头来表示，如图 5-10 所示。消息使用序号加消息名称进行命名，序号表示消息的时间顺序，由 1 开始递增，可以通过点表示法表示嵌套关系，如 1.1 表示嵌套在消息 1 中的第 1 个消息、1.2 表示嵌套在消息 1 中的第 2 个消息，以此类推。

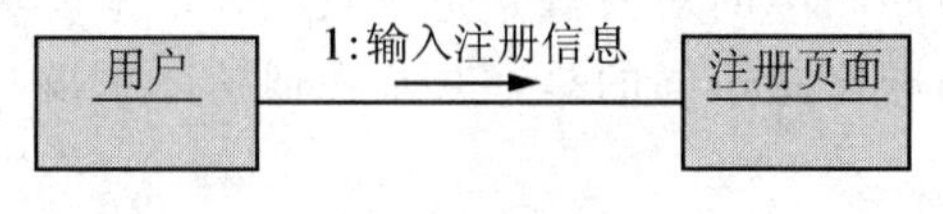

图 5-10　消息示例

5.3.3 通信图的应用

1. 绘制通信图的步骤

(1)确定交互对象。

根据网上购物商城案例概述，结合实际应用，创建通信图的第一步跟创建顺序图一样，也是明确参与该交互的对象。现以“购买商品”用例为例，根据前面所述的A→B→C→E的方法识别交互对象，只是在通信图中，交互对象位置没有限制，一般通信比较多的对象放在中间，与其有通信的对象依次放在其相邻的位置。“购买商品”用例交互对象如表5-5所示。

表5-5 “购买商品”用例交互对象

交互对象类型	交互对象名称	说明
Actor	买家	该用例由参与者买家发起
Boundary	购物车页面	如果交互涉及的界面较多，无须设计出所有的界面，可以概化边界类的名称，如前台买家页面、后台商家页面或网上购物商城页面等
Control	购买处理逻辑	如果交互涉及的过程较为复杂，无须设计出所有的控制逻辑，可以简单描述为程序逻辑层或控制类、控制层等
Entity	支付方式	支付方式(这边只存储支付方式，支付操作由第三方支付系统完成)
Entity	订单	订单
Entity	订单详情	订单详情
Entity	商品	商品

(2)确定对象间的链。

在确定了参与交互的对象后，需要在存在联系和有消息传递的对象之间用链连接起来。根据调用原则，消息由买家在页面上发起，页面向逻辑层传递消息，逻辑层根据消息内容调用相关方法从实体层获取、增加、删除或修改相关数据，之后将返回值往回传递。

(3)添加消息。

绘制通信图的最后一步就是在链上按顺序添加消息来表达整个交互过程。购买商品消息发送顺序：买家在购物车页面选择所需要购买的商品，确认购买信息，页面将购买信息发送给购买处理逻辑层，购买处理逻辑层根据所选择的支付方式连接相应的第三方支付系统完成支付，然后保存订单、订单详情并更新商品数量等信息，最后向页面发送购买成功信息。消息流可描述如下。

①买家选择购物车中所需要购买的商品。

②买家提交购买信息。

③购物车页面向购买处理逻辑层发送购买申请。
④购买处理逻辑层根据买家所选支付方式连接第三方支付系统完成支付。
⑤购买处理逻辑层调用相应方法保存订单。
⑥购买处理逻辑层调用相应方法记录订单详情。
⑦购买处理逻辑层调用相应方法更新商品信息。
⑧购买处理逻辑层向页面返回购买成功信息。

3. 绘制“网上购物商城”通信图

最终的“网上购物商城”通信图如图 5-11 所示。

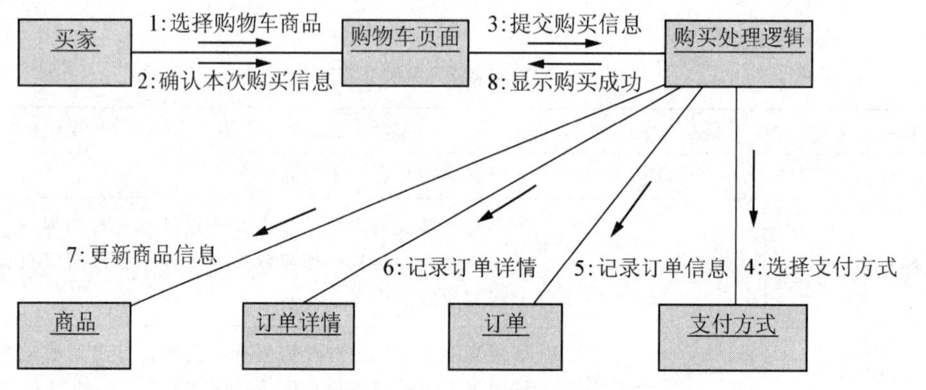

图 5-11 “网上购物商城”通信图

5.3.4 使用 StarUML 创建通信图

打开 StarUML，选中模型，右击，在弹出的快捷菜单中选择“Add Diagram”→“Collaboration Diagram”选项，创建一个新的通信图。通信图工具箱如图 5-12 所示。

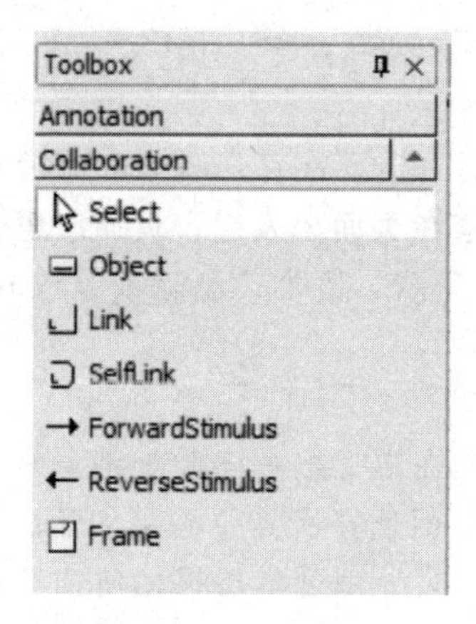

图 5-12 通信图工具箱

1. 创建对象

首先，单击工具箱上对象的图标；其次，在通信图编辑区的空白区域单击即可画出对象。然后，为这个对象命名，双击对象的图标，即可为对象命名，另外，也可以在选中相应的对象之后，通过窗口右下方的属性窗口编辑对象的属性，如图 5-13 所示。

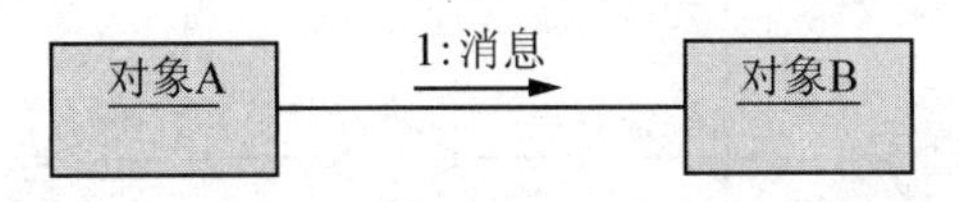

图 5-13 创建对象、链和消息

2. 创建链

选中工具箱上表示链的图标，然后在两个对象之间拖动即可创建两个对象之间的链。只有在创建链之后，才能创建消息。

3. 创建消息

选中工具箱上的消息图标，然后双击连接两个对象的链，即可在两个对象之间创建消息。和顺序图一样，不同的消息类型，消息线条表示方法也不一样，如图 5-14 所示。

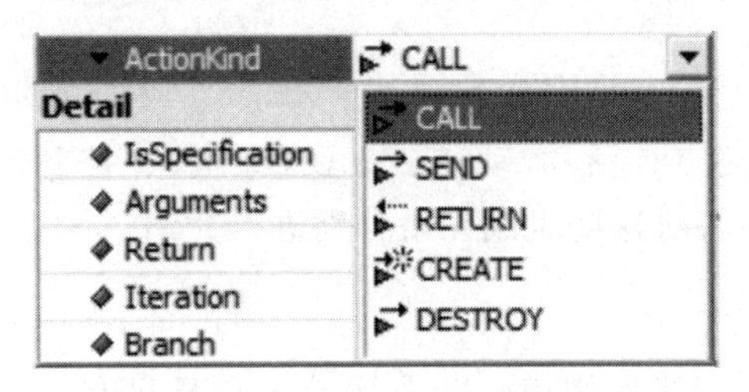

图 5-14 消息线条表示方法

5.4 活动图

5.4.1 活动图概述

活动图是描述业务用例实现的工作流程，业务用例是对业务流程的封装。在 UML 中，使用活动图逐一描述业务用例的内部细节，即详述业务用例，以便客户、最终用户和开发人员理解。

在软件建模中，使用活动图的主要目的如下。

(1)理解被构建系统的组织结构和动态特征(参与者、工作流、组织和对象是如何工作的)。

(2)确保客户、最终用户和开发人员对目标系统有统一的理解。

(3)描述一个操作(也可以理解为用例)在执行过程中所完成的工作(活动或动作)。

(4)描述复杂的算法。

“注册会员”活动图如图 5-15 所示。

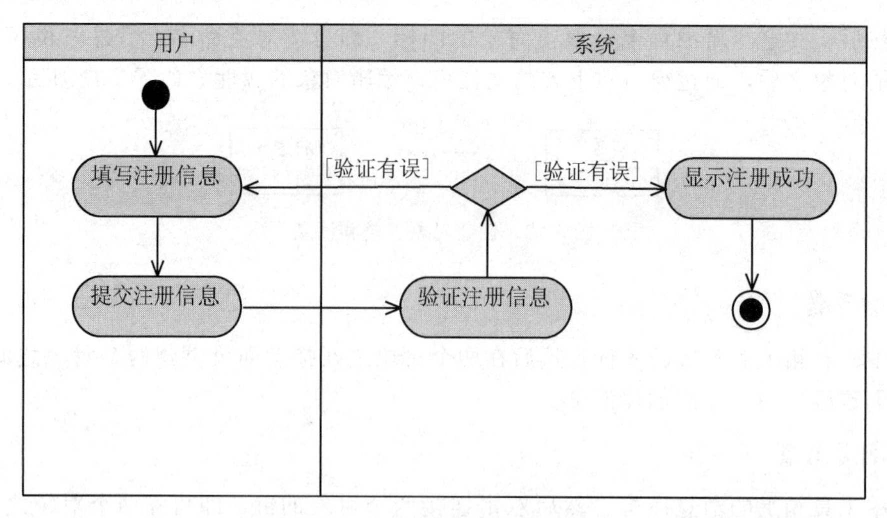

图 5-15 “注册会员”活动图

5.4.2 活动图的组成

活动图主要由起点/终点、活动/动作、分区(泳道)、控制流、分支与合并、分叉与汇合、对象流组成，下面将对这些组成元素分别进行介绍。

1. 起点/终点

活动图从起点开始，到终点结束，一个活动图有且只有一个起点，但可以有多个终点。起点和终点的表示方式如图 5-16 所示。

图 5-16 起点和终点的表示方式

2. 活动/动作

活动，也称为活动状态，它是非原子的、可中断的。活动状态可以被分解为其他子活动或动作状态，活动状态可以有内部转换、入口动作和出口动作。

动作，也称为动作状态，它是原子的、不可中断的。动作状态是构造活动图的最小单位，不可以被分解成更小的部分，动作状态没有内部转换、入口动作和出口动作。

活动状态和动作状态的表示方式如图 5-17 所示。

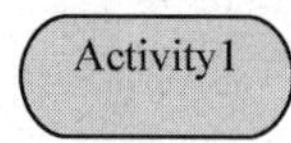

图 5-17 活动状态与动作状态的表示方式

3. 分区

分区，也称为活动分区或泳道，为了将活动职责进行组织而在活动中将活动状态分为不同的组，每个活动分区代表特定含义的活动状态职责部分。通常情况下，可以按照参与者来划分活动分区，也可以按照应用程序的层次来划分，按参与者划分活动分区是最常使用的划分方式。活动分区的表示方式如图 5-18 所示：

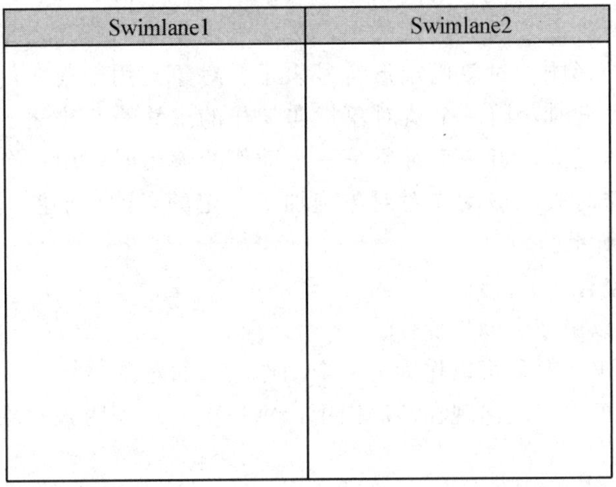

Swimlane1	Swimlane2

图 5-18 活动分区的表示方式

4. 控制流

控制流指的是所有动作状态或活动状态之间的转换。一个活动图开始于起始状态，也称为起点，然后自动转换到活动图的第一个动作状态或活动状态，该状态完成后，就会转换到下一个动作状态或活动状态，直到流程的终止状态，也称为终点。控制流用带箭头的实线表示，如图 5-19 所示。

5. 分支与合并

分支，也称为决策，是软件系统流程中很常见的一种逻辑结构，它一般用来表示对象所具有的条件行为。它将转换路径分成多个部分，每个部分都有单独的监护条件和不同的结果，而合并指的是两个或两个以上控制路径在此汇合的情况。在活动图中，分支与合并使用空心菱形表示，如图 5-20 所示。

6. 分叉与汇合

分叉用于表示将一个控制流分成两个或者两个以上并发运行的分支；汇合，也称为结合，用来表示并行分支在此同步的情况。并行的概念之前做过介绍，在此就不再做详细介绍。在活动图中，分叉与汇合使用加粗的水平或竖直线段表示，如图 5-21 所示。

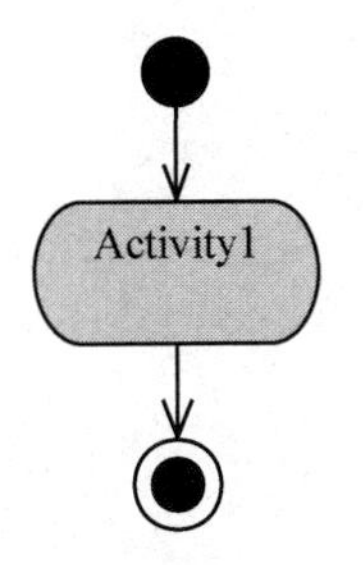

图 5-19 控制流表示方式

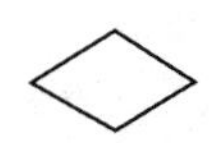

图 5-20 分支与合并表示方式

图 5-21 分叉与汇合表示方式

7. 对象流

对象流是将对象流状态作为输入或输出的控制流。在活动图中，对象流描述了动作状态或者活动状态与对象之间的依赖关系，对象可以作为动作输入或输出，或简单地表示指定动作对对象的影响。对象用矩形符号表示，对象流用带箭头的虚线表示。当一个对象是一个动作的输入时，用一个从对象指向动作的虚线箭头来表示，这时表示该动作使用对象流所指向的对象；当一个对象是一个动作的输出时，用一个从动作指向对象的虚线箭头来表示，这时表示该动作对对象施加了一定的影响(创建、修改、撤销等)。对象流示例如图 5-22 所示。

对象流中的对象有如下特点。

(1)一个对象可以由多个动作操作。

(2)一个动作输出的对象可以作为另一个动作输入的对象。

(3)同一个对象可以多次出现在活动图中，每一次出现表明该对象处于对象生命周期的不同时间点。

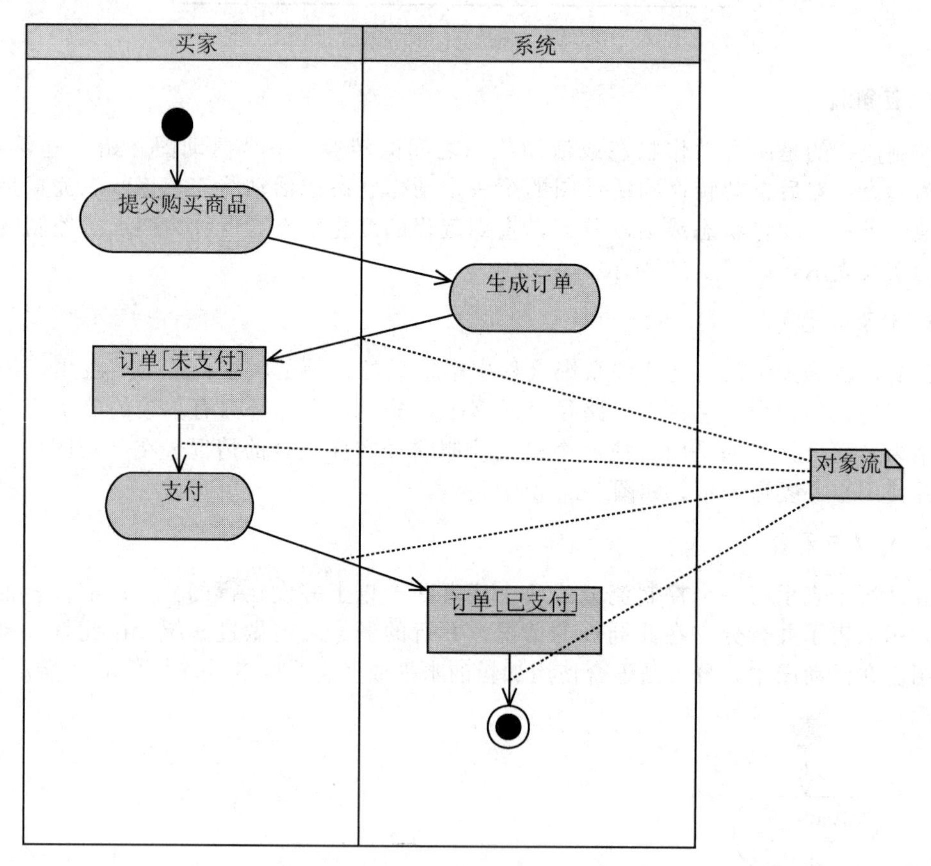

图 5-22　对象流示例

在使用活动图为一个工作流建模时，一般采用以下步骤。

(1)识别该工作流的目标。也就是该工作流结束时会触发什么。

(2)利用起点和终点分别描述该工作流的前置状态和后置状态。

(3)通过泳道定义谁负责执行哪些活动，以及命名泳道并将活动放置于相应的泳道中。

(4)定义和识别出实现该工作流所需的所有活动，并按逻辑顺序将它们放置在活动图中。

(5)用控制流(转换)将活动图中的所有元素连接起来。

(6)在需要将某个工作流划分为可选流的地方放置判定，表示分支与合并。

(7)查看活动图是否有并行的工作流，如果有，就用同步表示分叉和汇合。

5.4.3 活动图的应用

1. 绘制活动图的步骤

(1)确定分区。

开始创建活动图时，首先需要确定参与的对象，即明确活动图有几个分区，分区说明了活动是由什么对象执行的。现以买家“购买商品”用例为例，粗粒度的将该交互分为用户(买家)和系统两个分区，将它们绘制在活动图中，如图 5-23 所示。

买家	系统

图 5-23 确认分区

(2)按逻辑顺序完成活动图。

添加完分区后，需要梳理整个控制流的过程：用户首先查看购物车内商品，可以选择商品进行购买操作，也可以返回商城首页继续把商品添加到购物车；用户确认提交购买信息后，可以选择支付方式，连接到第三方支付系统完成支付；支付完成之后，系统将更新商品信息，生成订单、订单详情记录，然后结束整个流程。这边有一个“判定”和一个“并行”需要注意。

①判定：系统显示购物车页面后，买家可以选择商品购买，也可以返回商城首页继续查看商品，根据买家不同的选择，系统将显示不同的页面进行下一步的操作。

②并行：买家支付完成后，系统将一并更新商品信息，生成订单并记录订单详情。

2. 绘制“网上购物商城”活动图

如图 5-24 所示为“购买商品”活动图。

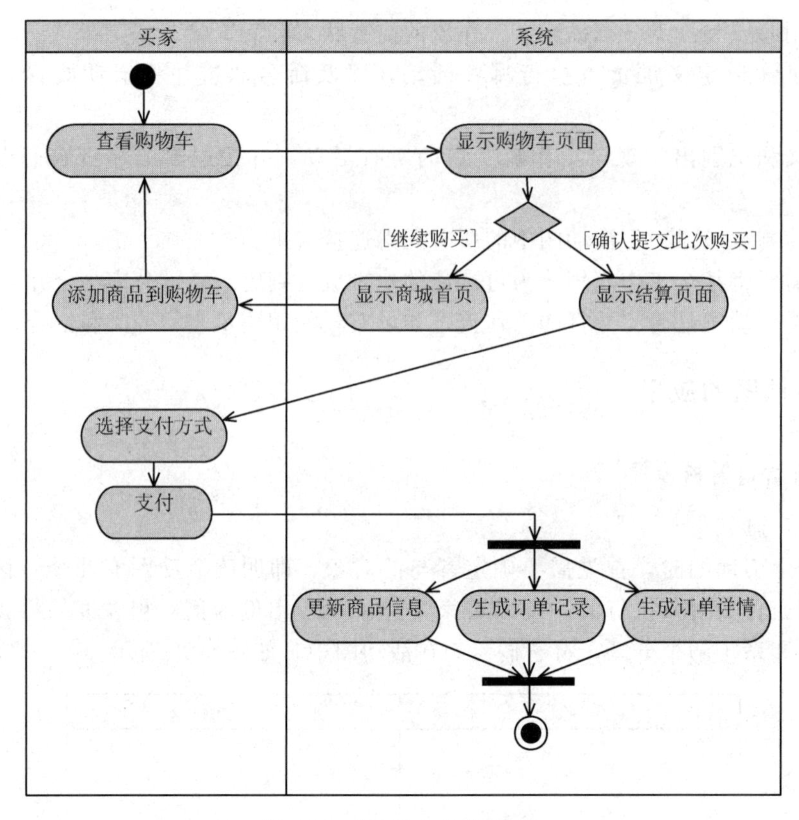

图 5-24 “购买商品”活动图

5.4.4 使用 StarUML 创建活动图

打开 StarUML，选中模型，右击，在弹出的快捷菜单中，选择“Add Diagram”→“Activity Diagram”选项，创建一个新的活动图。活动图工具箱如图 5-25 所示。

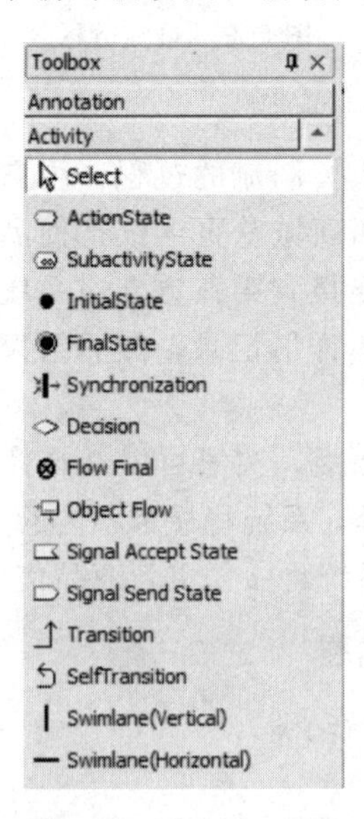

图 5-25 活动图工具箱

1. 创建起点和终点

单击工具箱上起点和终点的图标，然后在活动图编辑区的空白区域单击即可画出起点和终点。

2. 创建泳道

单击工具箱上的泳道图标，然后在活动图编辑区的空白区域单击即可画出泳道，调整泳道位置并为泳道命名，如图 5-26 所示。

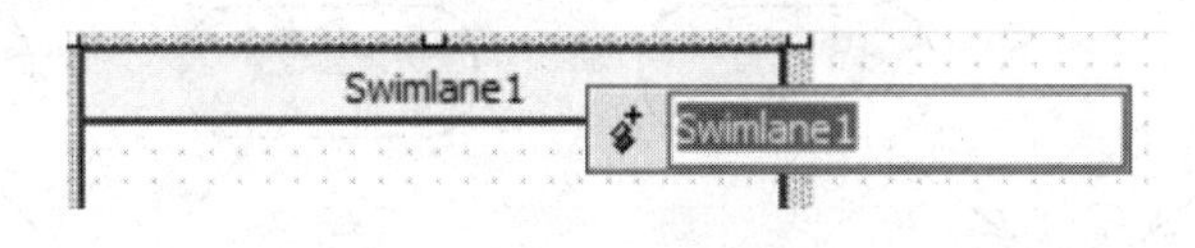

图 5-26 创建泳道

3. 创建活动、动作

单击工具箱上的活动图标，然后在活动图编辑区的空白区域单击即可画出活动，双击活动的图标，即可为活动命名。另外，也可以在选中相应的活动之后，通过窗口右下方的属性窗口为活动命名或编辑活动的其他属性。

4. 创建控制流（转换）

活动图使用带箭头的线条表示控制流，箭头指向转入方向，选中工具箱中代表控制流的图标，在两个要转换的活动之间拖动即可，如图 5-27 所示。

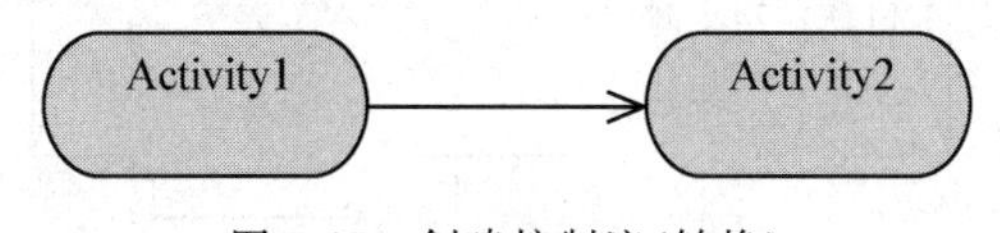

图 5-27 创建控制流(转换)

5. 创建分支与合并、分叉与汇合

单击工具箱上代表分支与合并的“菱形”图标可以表示判定关系；单击工具箱上代表分叉与汇合的“粗线条”图标可以表示并行关系。如图 5-28 所示，在表示判定和并行的控制流上，通过设置“GuardCondition”属性添加监护条件。

5.5 状态图

5.5.1 状态图概述

状态图是对类所描述的事物的补充说明，它描述了类的所有对象可能具有的状态以及引起状态变化的事件、条件和所发生的操作。

并不是对所有的对象都创建状态图，只有当行为的改变和状态有关时才创建状态图。

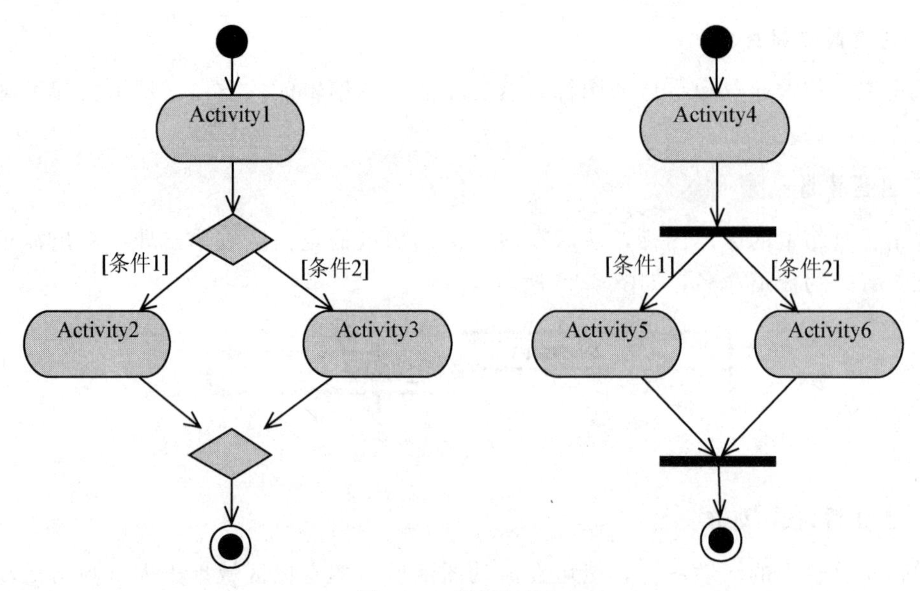

图 5-28　判定和并行

“订单”状态图如图 5-29 所示。

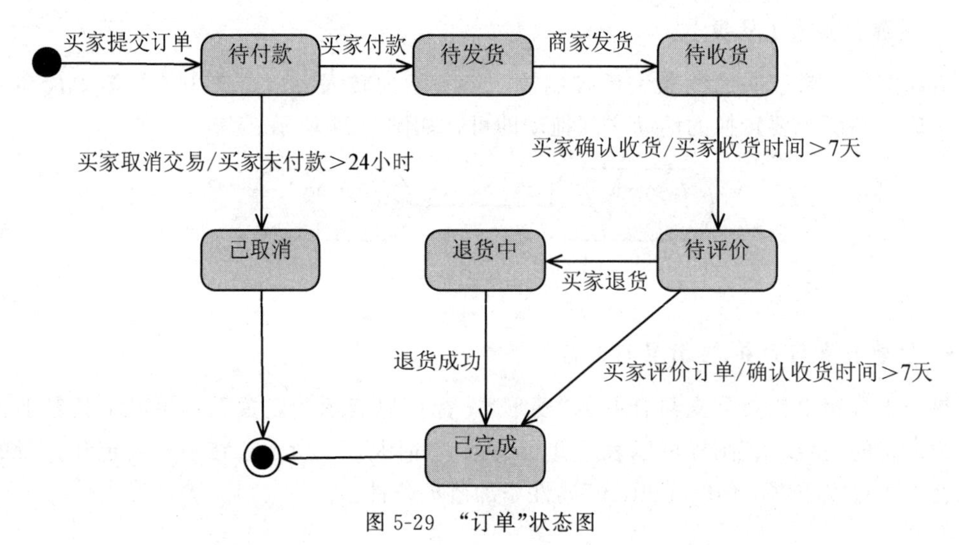

图 5-29　“订单”状态图

5.5.2　状态图的组成

状态图主要由起点/终点、状态、转换、事件组成，下面将对这些组成元素分别进行介绍。

1. 起点/终点

起点和终点也称为起始状态和终止状态，一个状态图有且只有一个起点，但可以有多个终点。起点和终点的表示方法和活动图一样，如图 5-30 所示。

图 5-30 状态图的起点和终点表示方式

2. 状态

状态是状态图的重要组成部分，它描述了一个类对象生命周期中的一个时间段。在这个时间段，对象将满足某些条件、执行某些操作或等待某些事件。在 UML 中，状态分为简单状态与复合状态。

简单状态就是没有嵌套的状态，复合状态是指包含一个或多个嵌套状态机的状态。当想要描述的系统非常复杂，而有一些状态又构成了紧密的相互关联时，可以先将一部分细小的状态组合成一个状态机，将这个新的状态机作为总状态图中的一个复合状态来呈现，复合状态中包含的状态称为子状态。状态用圆角矩形表示，如图 5-31 所示。

图 5-31 状态的表示方式

状态的内容包含：状态名、入口/出口动作、内部执行动作、内部转换、子状态(嵌套状态)、延迟事件，如表 5-6 所示。

表 5-6 状态的内容

状态内容	描述
状态名	状态名称，状态也可能是匿名的，表示它没有名称
入口/出口动作	在进入或退出状态时所执行的操作。在表示法上，入口动作和出口动作使用“entry/动作表达式”和“exit/动作表达式”来表示
内部执行动作	状态可以包含内部执行动作。在表示法上，内部执行动作使用“do/活动表达式”来表示
内部转换	在状态不发生变更的情况下进行的转换。在表示法上，内部转换使用“事件名称(事件参数)/活动表达式”来表示
子状态	也称为嵌套状态，表示状态的嵌套结构
延迟事件	未在该状态中处理但被延迟处理的一系列事件。在表示法上，延迟事件使用“事件名称/defer”来表示

3. 转换

转换用于表示一个特定的事件发生或者满足某些条件时，一个源状态对象向一个目标状态对象的转变。转换是两种状态间的一种关系，可以理解为状态与状态之间的关联，即从一个状态转变到另一个状态的过渡，这个状态变化的过程称为转换被激发。转换表示为从源状态指向目标状态的实线箭头，并附有转换的标签。

转换的类型有外部转换、内部转换、完成转换和复合转换。一个转换通常包含 5 个部分的信息，分别是源状态、目标状态、触发事件、监护条件和动作，如表 5-7 所示。

表 5-7　转换的内容

转换内容	描述
源状态	完成转换前的状态
目标状态	完成转换后的状态
触发事件	当处于源状态的对象接收到该事件时，触发转换
监护条件	一种布尔表达式，如果该表达式结果值为真，则触发转换；如果该表达式结果值为假，则不触发转换
动作	可执行的、不可分割的计算过程

4. 事件

事件指的是发生的且引起某些动作执行的事情，一个事件的出现可以触发状态的改变。事件有很多种，大致可以分为入口事件、出口事件、动作事件、信号事件、调用事件、修改事件、时间事件和延迟事件等，如表 5-8 所示。

表 5-8　事件的类型

事件类型	触发时机	说明
入口事件	进入状态时	表示一个入口动作序列
出口事件	退出状态时	表示一个出口动作序列
动作事件	调用嵌套状态时	与动作事件相关的活动必定引用嵌套状态
信号事件	两个对象通信时	是一种异步机制，发送者和接收者可以是同一个对象
调用事件	一个对象请求调用另一个对象操作时	可以同步调用，也可以异步调用，至少涉及两个及两个以上的对象
修改事件	特定条件满足时	修改事件也称为改变事件，它的发生依赖于事件中某个表达式所表达的布尔条件，改变事件没有参数，要一直等到条件被满足时才能发生
时间事件	自进入状态后某个时间期限到时	时间事件的发生依赖于事件中的一个时间表达式，可以被指定为绝对形式，也可以被指定为相对形式
延迟事件	在需要时触发或撤销	延迟事件通常不在本状态处理，推迟到另一个状态才处理

5.5.3　状态图的应用

1. 绘制状态图的步骤

(1)确定状态。

根据网上购物商城案例概述，结合实际应用，类“订单”在本系统中的状态对于系统至关重要。在网上购物商城中，订单可以分为7个状态：待付款、待发货、待收货、待评价、已完成、退货中、已取消。对这些状态的简要描述如表5-9所示。

表5-9 “订单”状态描述

状态名	描述
待付款	买家提交订单后
待发货	买家完成付款后
待收货	商家发货后
待评价	买家确认收货后/买家收货时间超过7天之后
已完成	买家评价订单后/确认收货时间超过7天之后/买家退货完成后
退货中	买家退货
已取消	买家提交订单但超过24小时未付款/买家取消订单后

(2)添加转换。

在确认状态后，下一步就是要添加状态转换。通过分析可以得出，在该状态图中的各阶段状态如下。

①用户提交订单后，此时订单状态为“待付款”。

②用户可以选择付款方式进行付款，此时订单状态为“待发货”。

③用户也可以不付款等待系统关闭交易或直接取消交易，此时订单状态为“已取消”。

④商家处理订单完成发货后，此时订单状态为“待收货”。

⑤买家收到所购买的商品之后，可以确认收货或者等待系统默认自动确认收货，此时订单状态为“待评价”。

⑥用户评价订单或者等待系统默认好评，此时订单状态为“已完成”。

⑦买家也可以在收到所购买的商品之后，由于各种原因选择退货，此时订单状态为“退货中”。

⑧退货成功之后，订单状态为“已完成”。

(3)添加子状态。

根据需要添加子状态完成状态图。

3. 绘制“网上购物商城”状态图

绘制的“订单”状态图如图5-32所示。

5.5.4 使用StarUML创建状态图

打开StarUML，选中模型，右击，在弹出的快捷菜单中选择“Add Diagram”→“Statechart Diagram”选项，创建一个新的状态图。状态图工具箱如图5-33所示。

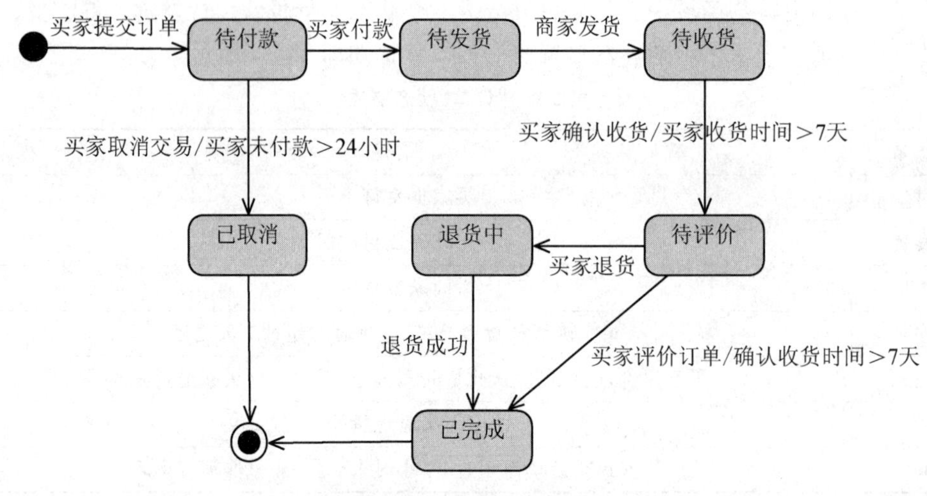

图 5-32 “订单”状态图

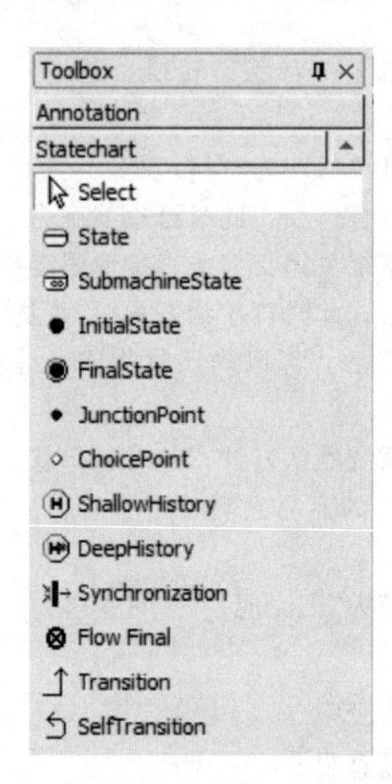

图 5-33 状态图工具箱

1. 创建起点和终点

单击工具箱上起点和终点的图标，然后在状态图编辑区的空白区域单击即可画出起点和终点。

2. 创建状态

单击工具箱上的状态图标，然后在状态图编辑区的空白区域单击即可画出状态。双击状态的图标。即可为状态命名，另外，也可以在选中相应的状态之后，通过窗口右下方的属性窗口为状态命名或编辑状态的其他属性。

3. 创建状态之间的转换

状态图使用带箭头的线条表示状态之间的转换，箭头指向转入方向。选中工具箱中代表转换的图标，在两个要转换的状态之间拖动即可，如图 5-34 所示。

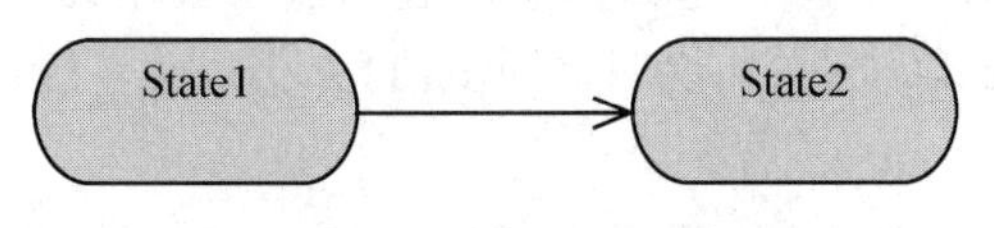

图 5-34 创建状态之间的转换

4. 创建事件、动作、监护条件

选中两个状态之间代表转换的线条，查看属性列表，此时可以看到如图 5-35 所示的属性，通过这些属性可以创建事件、动作和监护条件。

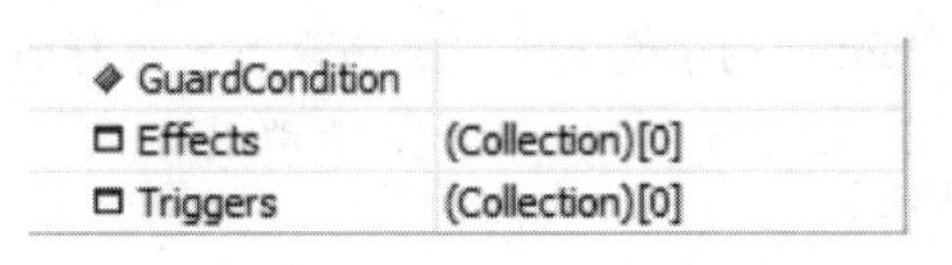

◆ GuardCondition	
▭ Effects	(Collection)[0]
▭ Triggers	(Collection)[0]

图 5-35 创建事件、动作和监护条件

小白问答

问： UML 中的活动图与传统的流程图有什么区别？

答： UML 中的活动图与传统的流程图的主要区别如下。

(1)流程图着重描述处理过程，它的主要控制结构是顺序、分支和循环，各个处理过程之间有严格的顺序和时间关系。而活动图描述的是对象活动的顺序关系所遵循的规则，它着重表现的是系统的行为，而非系统的处理过程。

(2)活动图能够表示并发活动的情形，而流程图不行。

(3)活动图是面向对象的，而流程图是面向过程的。

问： 顺序图和通信图都用来对系统的交互进行建模，并描述对象间的动态关系，能否说明两者在使用时的共同点和不同点？

答： 顺序图和通信图的共同点主要概括如下。

(1)主要元素相同。两种图的主要元素都是对象和消息，且消息类型一致。

(2)表达语义相同。两种图都是对系统中的交互建模，都是描述对象间的动态交互。

(3)对象责任相同。两种图中的对象都承担了发送者与接收者的角色，通过对象之间消息的传递来实现系统的功能。

顺序图和通信图的不同点主要概括如下。

(1)通信图偏重于对象交互映射到连接它们的链上，这有助于验证类图中对应的类之间的关联关系。而顺序图偏重于描述交互消息传递的时间顺序，却不表示对象之间的链。

(2)顺序图可以显式的表示出对象的创建和销毁过程，而在通信图中，只能通过消息的描述隐性表达这一点。

(3)顺序图可以表示对象的激活情况，而在通信图中，无法清晰的表达这一点。

问： 顺序图和通信图的消息有那么多类型，对于初学者来说，是否每次绘制顺序图和通信图时，都必须清楚判断消息类型并进行正确的描述？

答：在使用顺序图或通信图的过程中，尤其是对于UML的初学者，很可能会因为复杂的消息类型对应的符号而导致难以绘制和理解顺序图或通信图。在这里推荐一种做法，即所有的消息全部使用简单消息和返回消息的表示法来表示即可，在必要的情况下，可以使用注释对消息情况加以说明(如说明是同步消息或异步消息)。

习　题

一、选择题

1."对象的生命线"是UML图中(　　)的核心概念。

A. 用例图　　B. 活动图　　C. 顺序图　　D. 通信图

2."分区"是UML图中(　　)的核心概念。

A. 顺序图　　B. 通信图　　C. 活动图　　D. 状态图

3.(　　)描述的是对象之间的消息交互，并强调消息执行的顺序。

A. 顺序图　　B. 通信图　　C. 活动图　　D. 状态图

4. 下列说法不正确的是(　　)。

A. 顺序图中对象的开始位置可以位于顺序图的顶部，也可以不在顶部

B. 顺序图中的对象可以是系统的参与者或者任何有效的系统对象

C. 顺序图中的所有对象在程序一开始运行时，其生命线都必须处于激活状态

D. 顺序图将交互关系表示为一个二维图

5. 顺序图的作用是(　　)。

A. 描述对象及对象之间的关系

B. 描述如何分配各个类的职责

C. 显示对象及其交互关系的时间传递顺序

D. 显示对象及其交互关系的空间组织结构

6. 通信图的作用是(　　)。

A. 显示对象及其交互关系的时间传递顺序

B. 显示对象及其交互关系的空间组织结构

C. 表达一个类操作的实现

D. 描述如何分配各个类的职责

7. 通信图的组成不包括(　　)。

A. 对象　　B. 消息　　C. 生命线　　D. 链

8. 下面不是状态图组成要素的是(　　)。

A. 状态　　B. 转换　　C. 事件　　D. 链

9. 事件可以分为(　　)。

A. 信号事件　　B. 调用事件

C. 改变事件　　D. 时间事件

10. 下列说法中不正确的是(　　)。

A. 活动图描述业务用例实现的工作流程

B. 活动也称为活动状态，它是非原子的、可中断的

C. 动作也称为动作状态，它是原子的、不可中断的

D. 可以按照参与者来划分活动分区，也可以按照时间来划分活动分区

二、填空题

1. 顺序图主要由________、________、________和交互片段组成。

2. ________是一条垂直的虚线，表示顺序图中对象在一段时间内的存在。

3. ________是对象间的通信，它可以是信号，也可以是调用。

4. ________是描述协作中各个对象之间的组织关系的空间组织结构的图形化方式。

5. 通信图主要由________、________和________组成。

6. ________是为了将活动职责进行组织而在活动中将活动状态分为不同的组。

7. ________是状态图的重要组成部分，它描述了一个类对象在生命周期中的一个时间段。

8. ________用于表示一个特定的事件发生或者某些条件满足时，一个源状态对象向一个目标状态对象的转变。

第 6 章　物理建模

系统的物理模型主要用来反映系统的实现和部署方面的信息，UML 使用两种视图来表示实现单元：实现视图和部署视图。其中，实现视图将系统中可重用的块包装成具有可替代性的物理单元，这些单元被称为组件(构件)，实现视图用构件、构件间的接口和依赖关系来表示设计元素的具体实现。部署视图表示运行时计算资源的物理布置，这些运行时的计算资源被称为节点，在运行时，节点包含构件和对象。本章主要内容包括：物理建模概述、组件图、部署图。

本章学习目标

- 了解物理模型。
- 掌握组件图的功能、组成和应用。
- 掌握部署图的功能、组成和应用。

6.1　物理建模概述

软件系统的物理架构规定了组成软件系统的物理元素、这些物理元素之间的关系以及它们部署到硬件上的策略。

物理架构可以反映软件系统动态运行时的组织情况。此时，上述物理架构定义中提到的“物理元素”就是进程、线程以及作为类运行时的实例对象等，而进程调度、线程同步、进程或线程通信等则进一步反映物理架构的动态行为。

物理建模主要用于解决以下问题。

(1)类和对象物理上分布在哪一个进程或线程中?

(2)进程和线程在哪台计算机上运行?

(3)系统中有哪些计算机和其他硬件设备，以及它们之间是如何连接在一起的?

(4)不同的代码模块之间如何关联?

6.1.1　硬件

1. 处理器

处理器是信息处理、程序运行的最终执行单元。从嵌入式系统中的微处理器到超级计算机，从桌面计算机到便携式计算机，都可以称为处理器。一般来说，需要借助处理器来运行系统中的软件。

2. 设备

设备指的是系统所支持的设备，如打印机、扫描仪、交换机、路由器、读卡器等。它们一般连接到控制它们的处理器上，提供输入、输出、存储或网络连接等功能。

3. 连接

连接表示两个节点间的通信机制，一般可以使用通信机制、物理媒介和软件协议来描述。

6.1.2 软件

1. 组件

组件可以定义为自包含的、可编程的、可重用的、与语言无关的软件单元。在软件开发过程中，软件组件是辅助或支撑系统构造的一个过程，可以将组件理解为构造软件的“零部件”。随着软件技术的不断发展及软件工程的不断完善，软件组件将会作为一种独立的软件产品出现在市场上，供开发人员在构造系统时选用。

组件具有以下特点。

(1)位置透明性：无论组件位于什么位置，组件的调用者应该能够使用同样的方法获取组件信息并调用组件。

(2)使用接口技术：组件的接口和组件相分离，调用者只需要知道接口并访问接口就可以使用组件。

(3)自描述性：组件应该是自描述的，调用者应该能够使用统一的方法获取组件的接口信息。

(4)可重用性：组件应该能够方便的被重用，与语言无关。

(5)安全性：组件应该是安全的，不应该允许未授权使用、非法使用或恶意使用。

2. 进程和线程

进程表示重量控制流，而线程表示轻量控制流。可以这么理解，一个程序至少有一个进程，而一个进程至少有一个线程。

3. 对象

这里的对象没有自己的执行线程，只有当调用它们的操作时它们才运行，它们可以被指派给一个进程/线程或直接指派给一个可执行的组件。

6.2 组件图

6.2.1 组件图概述

组件图，也称为构件图，用于描述软件组件及组件之间的关系，显示代码的结构。组件是逻辑架构中定义的概念和功能在物理架构中的实现。换言之，组件就是开发环境中的实现文件。

组件图示例如图 6-1 所示。

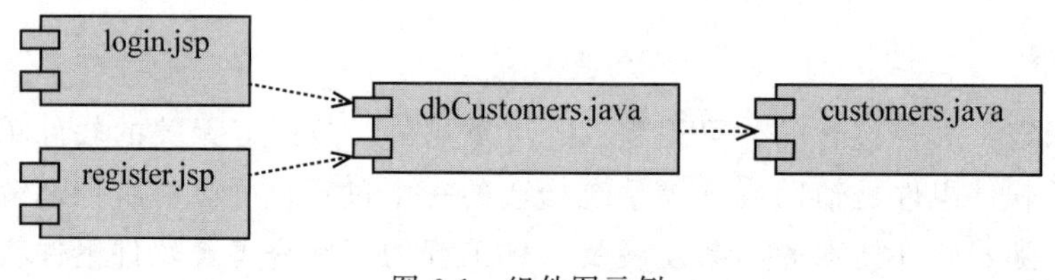

图 6-1 组件图示例

6.2.2 组件图的组成

组件图主要由组件、接口和关系组成，下面将对这些组成元素分别进行介绍。

1. 组件

组件图中的组件是一个封装完好的并定义了明确接口的物理实现单元。它隐藏了内部的实现，对外提供一组接口，由于它对接口的实现过程与外部元素独立，因此它是系统中可替换的物理部件。在绘制组件图时，需要定义组件的名称和组件的类型。

(1)组件的名称。

组件的名称位于组件图标的内部，使用名词或名词短语进行命名，并根据目标操作系统添加相应的扩展名，如 .java 或 .jsp 等。

(2)组件的类型。

组件的类型主要分为源组件、二进制组件和可执行组件。

①源组件。源组件是编译时的组件，只在编译时有意义，通常情况下，源组件是指实现一个或多个类的源代码文件。

②二进制组件。二进制组件是链接时的组件，通常情况下，二进制组件是指对象代码，它是源组件的编译结果，它是一个对象代码文件、一个静态库文件或一个动态库文件。

③可执行组件。可执行组件是一个可执行的程序文件，它是链接(静态链接或动态链接)所有二进制组件所得到的结果。一个可执行组件代表处理器上运行的可执行单元。

2. 接口

在组件图中，组件可以通过接口来使用其他组件中定义的操作。对于一个组件而言，它有两类接口：提供接口和需求接口。

(1)提供接口：又被称为导出接口或供给接口，是组件为其他组件提供服务的接口。

(2)需求接口：又被称为引入接口，是组件向其他组件请求服务时所需要的接口。

3. 关系

组件图中的关系主要有以下两种。

(1)依赖关系。

①组件与需求接口之间建立依赖关系。

②组件与组件之间建立依赖关系，说明在运行时组件A在某个行为上依靠组件B的支持。

(2)实现关系。

组件与提供接口之间建立实现关系。

6.2.3 组件图的应用

1. 绘制组件图的步骤

(1)确定系统组件。

根据网上购物商城案例概述，结合实际应用，现以前台买家系统为例，可以确定前台买家系统的主要组件包括如下。

①视图层：login. jsp、register. jsp、goods. jsp、cart. jsp、order. jsp。

②控制层：dbCustomers. java、dbGoods. java、dbCart. java、dbOrder. java。

③模型层：customers. java、goods. java、order. java。

(2)确定关系。

在确定了系统组件之后，就需要考虑组件可以对外部提供什么服务，分析组件之间的关系，使用接口和依赖关系对这些关系建模。

2. 绘制“网上购物商城”组件图

“网上购物商城前台买家系统”组件图如图6-2所示。

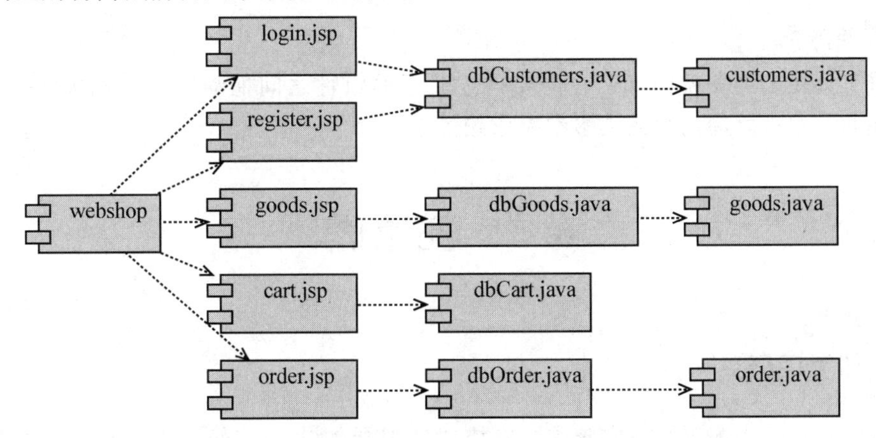

图6-2 “网上购物商城前台买家系统”组件图

6.2.4 使用 StarUML 创建组件图

打开 StarUML，选中模型，右击，在弹出的快捷菜单中选择“Add Diagram”→“Component Diagram”选项，创建一个新的组件图。组件图工具箱如图 6-3 所示。

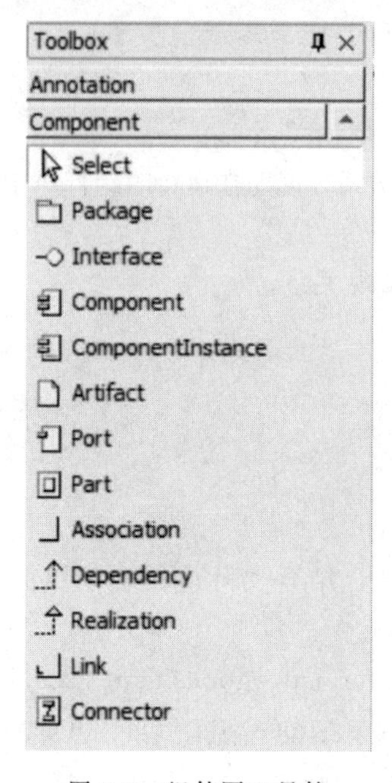

图 6-3 组件图工具箱

1. 创建组件

首先，单击工具箱上的组件图标；其次，在组件图编辑区的空白区域单击即可画出组件。双击组件的图标，即可为组件命名，也可以在选中相应的组件之后，通过窗口右下方的属性窗口编辑组件的属性。

2. 创建关系

单击工具箱上的关系图标，在需要描述关系的组件之间拖动即可绘制关系。在此需要特别强调，组件之间的关系大多都是依赖关系。

6.3 部署图

6.3.1 部署图概述

部署图，也称为配置图或实施图，它描述处理器、设备、软件组件在运行时的架构。它是系统拓扑的最终物理描述，即描述硬件单元和运行在硬件单元上的软件结构。部署图可以显示实际的处理器与设备以及它们之间连接，同时，可以显示连接的类型。此外，部署图也可以包含包或子系统，它们可以将系统中的模型元素组织成较大的模块。

部署图示例如图 6-4 所示。

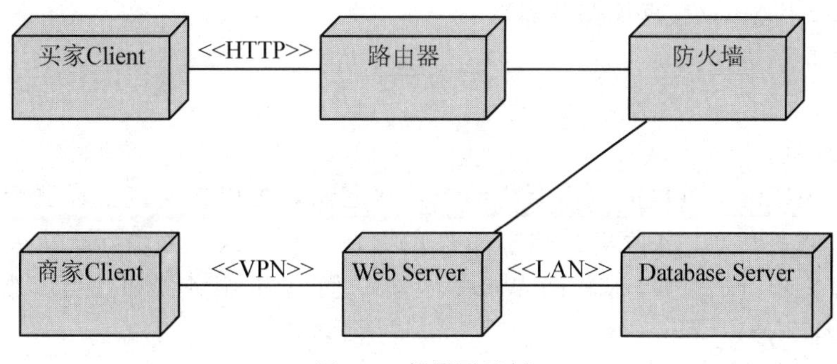

图 6-4 部署图示例

6.3.2 部署图的组成

部署图主要由节点和节点间的关系组成，下面分别对这些组成元素进行介绍。

1. 节点

节点是运行时的物理对象，代表一个计算资源。在 UML 中，节点用一个立方体表示，在绘制部署图时，需要指定节点的名称和节点的类型。

(1)节点的名称。

节点的名称位于节点图标的内部，有两种类型：简单名和路径名。其中，简单名就是一个简单的节点名称；而路径名则是在简单名的前面加上节点所在包的名称。

(2)节点的类型。

节点可以分为处理器节点和设备节点两种类型，关于处理器和设备，之前已经做过介绍，这边就不再做详细介绍。处理器的构造型为≪processor≫，设备的构造型为≪device≫。

2. 关系

部署图使用关联关系来表示节点之间的通信路径，称为连接。一般对关联关系不进行命名，而是使用构造型来区分不同类型的通信路径或通信的实现方式，一般可以使用通信机制、物理媒介和软件协议来描述。例如，≪HTTP≫、≪TCP/IP≫、≪LAN≫、≪VPN≫、≪USB≫等。

6.3.3 部署图的应用

1. 绘制部署图的步骤

(1)添加节点。

根据网上购物商城案例概述，结合实际应用，该系统主要包含以下 6 个节点。

①买家客户端。

②商家客户端。

③Web Server(Web 服务器)。

④Database Server(数据库服务器)。

⑤路由器。

⑥防火墙。

(2)添加连接。

在确定好系统的节点之后，需要将节点连接起来，可以在连接上设置合适的构造型来说明通信方式。其中，买家客户端通过 HTTP 的通信方式经路由器、防火墙访问 Web 服务器；商家客户端通过 VPN 访问 Web 服务器；而 Web 服务器和数据库服务器则部署在同一个局域网内。

2. 绘制“网上购物商城”部署图

“网上购物商城”部署图如图 6-5 所示。

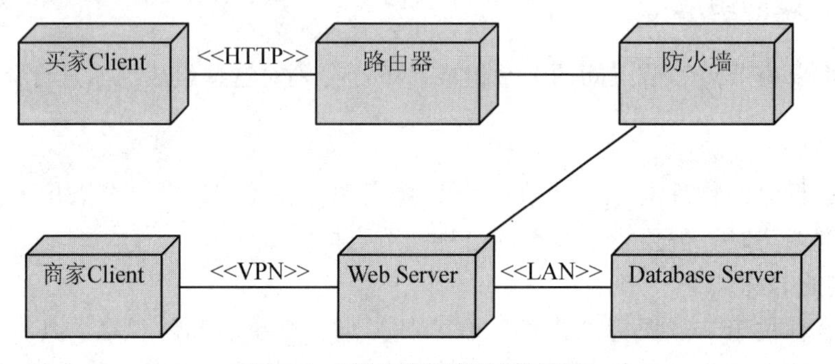

图 6-5 “网上购物商城”部署图

6.3.4 使用 StarUML 创建部署图

打开 StarUML，选中模型，右击，在弹出的快捷菜单中选择“Add Diagram”→“Deployment Diagram”选项，创建一个新的部署图。部署图工具箱如图 6-6 所示。

1. 创建节点

首先，单击工具箱上的节点图标；其次，在部署图编辑区的空白区域单击即可画出节点。双击节点的图标，即可为节点命名，也可以在选中相应的节点之后，通过窗口右下方的属性窗口编辑节点的属性。

2. 创建关系

单击工具箱上的关系图标，在需要描述关系的节点之间拖动即可绘制关系，可以通过属性“Stereotype”设置节点之间的通信方式，如不需要该关系，可选中该关系按“Delete”键删除即可。

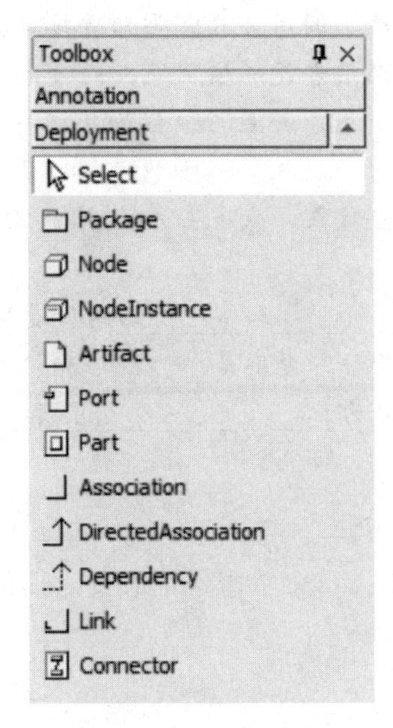

图 6-6　部署图工具箱

小白问答

问：系统设计阶段的主要任务有哪些？

答：在系统设计阶段，需要将分析阶段所得到的模型转换为可实现的系统原型，该阶段的主要任务如下。

(1)系统体系结构设计。

(2)数据结构设计。

(3)用户界面设计。

(4)算法设计。

其中，本章学习的组件图和部署图就属于系统体系结构设计建模。而数据结构设计、用户界面设计和算法设计在本课程不做介绍，感兴趣的同学可参考相关领域的参考书。

习　题

一、选择题

1. 在 UML 中，提供了两种物理表示模型，分别是(　　)和(　　)。

A. 组件图　　B. 部署图　　C. 类图　　D. 对象图

2. 以下不属于组件图组成元素的是(　　)。

A. 组件　　B. 节点　　C. 接口　　D. 关系

3. 以下属于部署图组成元素的是(　　)。

A. 类　　B. 对象　　C. 接口　　D. 节点

4. 以下说法中不正确的是(　　)。

A. 无论组件位于什么位置，组件的调用者应该能够使用同样的方法获取组件信息并调用组件

B. 组件的接口和组件相分离，调用者只需要知道接口并访问接口就可以使用组件

C. 组件应该是自描述的，调用者能够使用统一的方法获取组件的接口信息

D. 组件应该能够方便地被重用，并且与编程语言相关

二、填空题

1. ________是运行时的物理对象，代表一个计算资源。在 UML 中，它用一个立方体表示。

2. 在部署图中，节点分为________和________两种类型。

3. 组件图中的关系主要有两种，分别是________和________。

4. 在组件图中，组件主要分为________、________和________。

第 7 章　UML 与统一软件开发过程

软件开发是一项巨大的系统工程，这就要求用系统工程的方法、项目管理知识体系和工具，合理地安排开发过程中的各项工作，有效地组织管理各类 IT 资源，使得软件开发的整个过程高效并最终向用户提供符合需求的高质量软件。因此，在软件开发的过程中采用正确有效的系统开发方法来指导系统开发的全过程则有可能达到事半功倍的效果；反之，则事倍功半。本章的主要内容包括：软件开发中的经典阶段、UML 软件开发过程产生的模型与文档、统一软件开发过程、其他软件开发模型。

本章学习目标

- 了解软件开发过程中的经典阶段。
- 掌握统一软件开发过程：二维模型和工作流程。
- 了解其他软件开发模型。

7.1　软件开发中的经典阶段

软件开发过程(Software Development Process)描述了构造、部署以及维护软件的方式，是指实施于软件开发和维护中的阶段、方法、技术、实践和相关产物(计划、模型、文档、代码、测试用例和手册等)的集合，是为了获得高质量软件所需要完成的一系列任务的框架。

如图 7-1 所示为软件开发过程中的 6 个经典阶段。

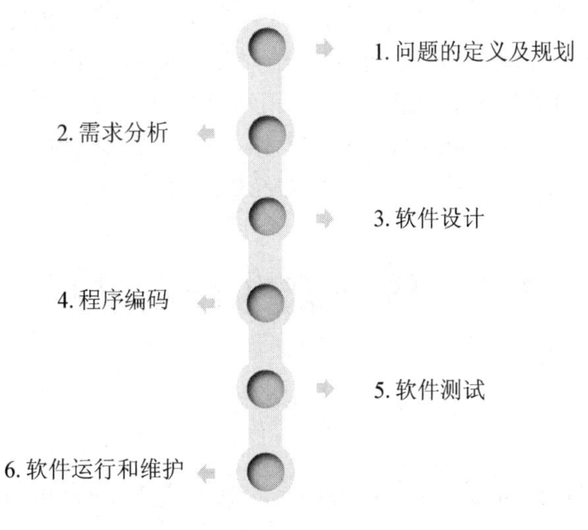

图 7-1　软件开发过程中的 6 个经典阶段

1. 问题的定义及规划

此阶段是将软件开发与需求放在一起共同讨论的，主要确定软件的开发目标及其可行性。

2. 需求分析

在确定软件开发可行性的情况下，对软件的功能性需求和非功能性需求进行分析。它是一个分析、整理用户需求，然后将需求用软件工程开发语言表达出来的过程。本阶段的基本任务就是和用户一起确定要解决的问题，建立软件相关模型，编写需求规格说明书或相关文档与客户进行验证，最终确定系统需求的过程。需求分析阶段是一个很重要的阶段，这一阶段做得好，将为整个软件项目的开发打下良好的基础。但如前面章节所述，在实际应用中，软件需求是在软件开发过程中不断变化和深入的，因此，人们必须制定需求变更计划来应对这种变化，以保证整个项目的正常进行。

3. 软件设计

此阶段是根据需求分析的结果对整个系统进行设计，如系统体系结构设计、数据库设计等。好的软件设计将为软件编码打下良好的基础。软件设计一般分为总体设计(也称为概要设计)和详细设计。总体设计就是结构设计，其主要目的就是给出软件的模块结构。详细设计的首要任务是设计模块的程序流程、算法和数据结构，次要任务是设计数据库。

4. 程序编码

此阶段是将软件设计的结果转化为计算机可运行的程序代码。在程序编码中要制定统一、符合标准的编写规范，以保证程序的可读性、易维护性，提高程序的运行效率。

5. 软件测试

在软件编码完成之后要进行严密的测试，及时发现在整个软件设计过程中存在的问题并加以纠正。整个测试阶段分为单元测试、集成测试、系统测试和验收测试4个阶段进行。测试方法主要有白盒测试和黑盒测试。

6. 软件运行和维护

运行是指在软件已经完成测试的基础上，对系统进行部署和交付使用。维护是指在已完成对软件的分析、设计、编码、测试工作并交付使用之后，对软件产品所进行的一些软件工程活动，包括根据软件运行的情况，对软件进行适当修改，以适应新的要求，以及纠正运行中发现的错误。做好软件维护工作，不仅能排除障碍，使软件能正常工作，还能扩展功能、提高性能，为用户带来明显的经济效益。

7.2 统一软件开发过程

7.2.1 RUP概述

统一软件开发过程(Rational Unified Process，RUP)是一套软件工程方法，是Rational软

件公司的软件工程过程框架，它将用户需求转化为软件系统所需的活动的集合。它定义了软件开发过程中的“什么时候做”“做什么”“怎么做”“谁来做”的问题，以保证软件项目有序地、可控地、高质量地完成，它可用于各种不同类型的软件系统、应用领域、功能级别以及项目规模。RUP凭借Grady Booch、Ivar Jacobson以及James Rumbagh在业界的领导地位，与统一建模语言UML的良好集成、多种CASE工具的支持、不断地升级与维护，迅速得到业界广泛的认同，越来越多的组织以其作为软件开发的模型框架。

RUP是面向对象开发技术发展的产物，这种方法旨在将面向对象技术应用于软件开发的所有过程，包括需求分析、系统分析、系统设计、系统实现和系统升级维护等，使软件系统开发的所有过程全面结合，更大限度地适应用户不断变化的需求，有效地降低了风险，因此软件开发人员经常采用RUP来指导项目开发的全过程。

7.2.2 RUP二维模型

1. RUP二维模型概述

RUP软件开发的生命周期是一个二维软件开发模型，如图7-2所示。横轴表示时间组织，即项目的时间维，是过程展开的生命周期特征，体现了开发过程的动态结构，用来描述它的术语包括：周期(Cycle)、阶段(Phase)、迭代(Iteration)和里程碑(Milestone)；纵轴以内容组织为自然的逻辑活动，体现开发过程的静态结构，用来描述它的术语包括：活动(Activity)、产物(Artifact)、工作者(Worker)和工作流(Workflow)。

从图7-2中的阴影部分可以看出，不同的工作流程在不同的时间段内工作量也不同，但值得注意的是，几乎所有的工作流程，在所有的时间段内都有工作量，只是工作程度不同而已。

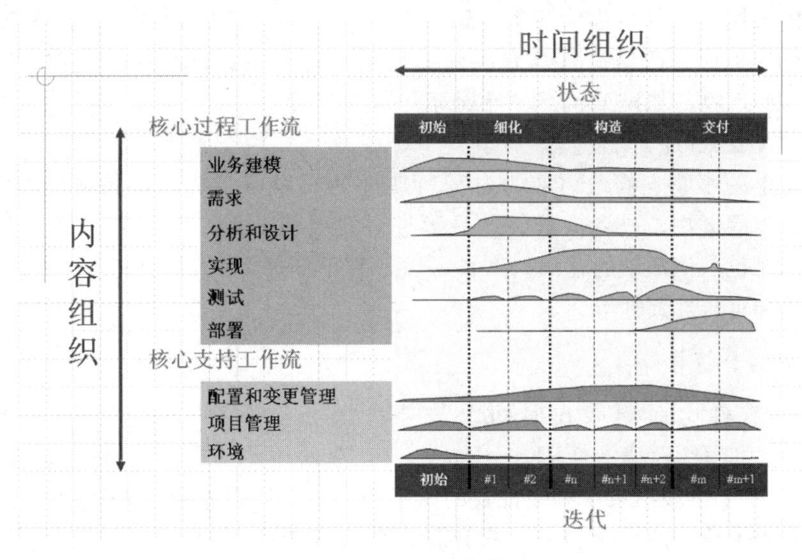

图7-2 RUP二维模型

2. RUP的静态结构

在统一过程的开发流程中定义了“谁”“何时”“如何”做“某事”，并使用4种主要的建模元素来进行表达，如图 7-3 所示。

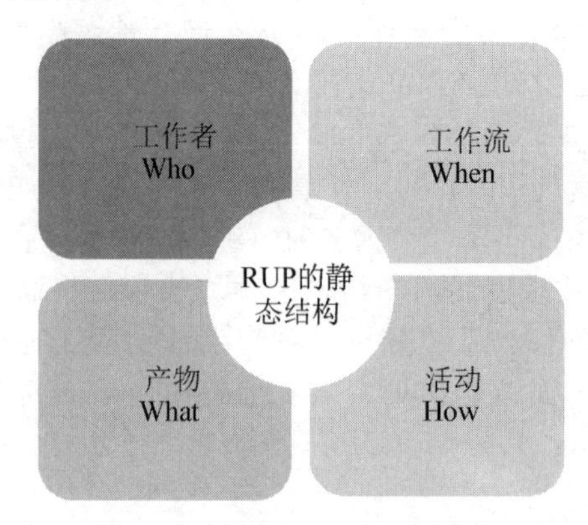

图 7-3　RUP 的静态结构

(1)工作者(Worker)：代表了“谁”去做。

工作者也称为角色，是指系统以外的，在使用系统或与系统交互中由个人或若干人所组成的行为与职责，它是统一过程的中心概念。一个开发人员可以同时是几个角色，一个角色也可以由多个开发人员共同承担。RUP 预先定义了很多角色，如架构师、系统分析员、测试设计师等，并对每一个角色的工作和职责做了详尽的说明。

(2)工作流(Workflow)：代表了“何时”做。

工作流是产生具有可观察结果的活动序列，在 Rational 统一过程中包含了 9 个核心过程工作流，代表了所有角色和活动的逻辑分组情况，后续将做详细介绍。

(3)活动(Activity)：代表了“如何”做。

某个角色所执行的行为称为活动，每一个角色都与一组相关的活动相联系，活动定义了他们执行的工作。活动通常具有明确的目的，将在项目语境中产生有意义的结果，通常表现为一些产物，如模型、类、计划等。

(4)产物(Artifact)：代表了做“某事”。

产物是产生的事物、修改，或为过程所使用的一段信息。产物是项目的实际产品，是项目最终产生的事物，或者向最终产品迈进时使用的事物。产物用作角色执行某个活动的输入，同时也是该活动的输出。产物可以具有不同的形式，如模型、模型组成元素、文档、源代码和可行性文件等。

1. RUP 的动态结构

RUP 中的软件生命周期在时间上被分解为 4 个顺序的阶段，分别是初始阶段(Inception)、细化阶段(Elaboration)、构造阶段(Construction)、交付阶段(Transition)。每个阶段结束于一个主要的里程碑，每个阶段本质上是两个里程碑之间的时间跨度，在每个阶段的结尾执行一次评估以确定这个阶段的目标是否已经满足，如果评估结果满意的话，可以允许项目进入下一个阶段，如图 7-4 所示。

1)初始阶段

初始阶段的目标是为系统建立商业案例并确定项目的边界。为了达到该目标必须识别所有与系统交互的外部实体，在较高层次上定义交互的特性。本阶段具有非常重要的

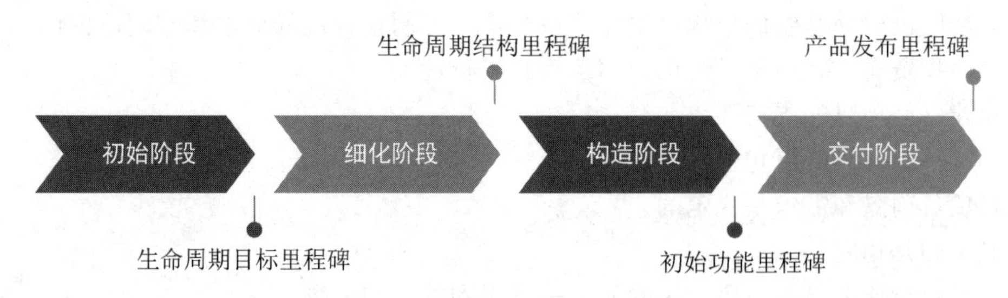

图 7-4 迭代过程的阶段和里程碑

意义，在这个阶段中所关注的是整个项目进行中的业务和需求方面的主要风险。对于建立在原有系统基础上的开发项目来讲，初始阶段可能很短。初始阶段结束时是第一个重要的里程碑：生命周期目标(Lifecycle Objective)里程碑。生命周期目标里程碑可以评价项目基本的生存能力。

本阶段的具体目标包括如下内容。

(1)明确软件系统的规模和边界条件，包括运作前景、验收标准等。

(2)识别系统的关键用例和主要的功能场景。

(3)对一些主要场景，要展示或者演示至少一个备选架构。

(4)评估整个项目的成本和进度。

(5)评估潜在的风险。

(6)准备好项目的支持环境。

本阶段的评估标准包括如下内容。

(1)风险承担者对软件系统的规模定义和成本/进度评估达成共识。

(2)以客观的主要用例证实对需求的理解。

(3)对成本/进度、优先级、风险和开发流程是否合适达成共识。

(4)已经确定所有风险并且有针对每个风险的风险减轻策略。

2)细化阶段

细化阶段是4个阶段中最重要的阶段，其目标是分析问题领域，建立健全的体系结构基础，编制项目计划，淘汰项目中最高风险的元素。为了达到该目的，必须在理解整个系统的基础上，对体系结构做出决策，包括其范围、主要功能和诸如性能等非功能需求。同时为项目建立支持环境，包括创建开发案例、创建模板与准则并准备工具。细化阶段结束时是第二个重要的里程碑：生命周期结构(Lifecycle Architecture)里程碑。生命周期结构里程碑为系统的结构建立了管理基准并使项目小组能够在构建阶段中进行衡量。此刻，要检验详细的系统目标和范围、结构的选择以及主要风险的解决方案。

本阶段的具体目标包括如下内容。

(1)确保软件架构、需求和计划足够稳定，充分减少风险，从而能够有预见性地确定完成开发所需的成本和进度。

(2)针对系统软件在架构方面的主要风险加以解决和处理。

(3)建立一个已建立基线的架构。

(4)建立一个包含高质量构件的、可演化的产品原型。

(5)证明已建立基线的架构可以保障系统需求控制在合理的成本和时间范围内。

(6)向投资者、客户和最终用户演示项目可行性。

(7)建立好项目的支持环境。

本阶段的评估标准包括如下内容。

(1)项目前景和需求是稳定的。

(2)架构是稳定的。

(3)可执行原型显示主要的风险元素并且得到处理和解决。

(4)构造阶段的迭代计划足够详细和真实，可以保证工作继续进行。

(5)构造阶段的迭代计划有可靠的估算支持。

(6)如果在当前架构环境中执行当前计划来开发完整的系统，则当前的前景可以实现。

(7)实际资源消耗与计划消耗相比是可以接受的。

3)构造阶段

在构造阶段，所有剩余的构件和应用程序功能被开发并集成为产品，所有的功能被详细测试。从某种意义上说，构造阶段是一个制造过程，其重点放在管理资源及控制运作以优化成本、进度和质量。构造阶段结束时是第三个重要的里程碑：初始功能(Initial Operational)里程碑。初始功能里程碑决定了产品是否可以在测试环境中进行部署。此刻，要确定软件、环境、用户是否可以开始系统地运作。此时的产品版本也常被称为“Beta”版。

本阶段的具体目标包括如下内容。

(1)通过优化资源和避免不必要的报废及返工达到开发成本的最小化。

(2)根据实际需求达到适当的质量目标。

(3)根据实际需求形成各个版本。

(4)对所有必需的功能完成分析、设计、开发和测试工作。

(5)采用迭代、递增的方式开发出一个可以提交给最终用户的完整产品。

(6)确定软件、场地和用户是否已经为最终部署做好准备。

(7)开发团队的工作实现某种程度的并行。

本阶段的评估标准包括如下内容。

(1)产品是否足够稳定和成熟地发布给用户?

(2)是否所有风险承担人都准备好向用户移交?

(3)实际资源消耗与计划消耗相比是否仍可接受?

4)交付阶段

交付阶段的重点是确保软件对最终用户是可用的。交付阶段可以跨越几次迭代，包括为发布做准备的产品测试、基于用户反馈的少量调整。在生命周期的这一点上，用户反馈应主要集中在产品调整、设置、安装和可用性问题，所有主要的结构问题应该在项目生命周期的早期阶段解决。在交付阶段的终点是第四个里程碑：产品发布(Product Release)里程碑。此时，要确定目标是否实现、是否应该开始另一个开发周期。有时此里程碑可能与下一个周期的初始阶段的结束重合。

本阶段的具体目标包括如下内容。

(1)进行 Beta 测试以达到最终用户的需求。

(2)Beta 测试版本和旧系统并行操作。

(3)转换操作数据库。

(4)对最终用户和产品使用人员进行培训。

(5)提交给市场和产品销售部门。

(6)具体部署相关的工程活动。

(7)协调 Bug 修订，如进行调试，改进性能、可用性等工作。

(8)根据产品的完整前景和验收标准对最终部署做出评估。

(9)达到用户要求的满意度。

(10)达成各风险承担人对产品部署基线已经完成的共识。

(11)达成各风险承担人对产品部署符合完整前景和验收标准的共识。

本阶段的评估标准包括如下内容。

(1)用户是否满意?

(2)实际资源消耗与计划消耗相比是否可以接受?

2. RUP 的特点

(1)迭代模型。

RUP 强调软件开发是一个迭代模型，整个开发过程由一次次的独立迭代组成，这种迭代模型的实现在很大程度上提供了及早发现隐患和错误的机会，因此被现代大型信息技术项目所采用。

(2)用例驱动。

RUP 的另一大特征是用例驱动。用例是 RUP 方法论中一个非常重要的概念，简单地说，一个用例就是系统的一个功能。在系统分析和系统设计中，常将一个复杂的庞大系统分割、定义为一个个小的单元，然后以每个小的单元为对象进行开发，这个小的单元就是用例。按照 RUP 过程模型的描述，用例贯穿整个软件开发的生命周期。在需求分析中，客户或用户对用例进行描述；在系统分析和系统设计过程中，设计师对用例进行分析和设计；在开发实现过程中，开发编程人员对用例进行实现；在测试过程中，测试人员对用例进行检验。所以说 RUP 是由“用例”驱动的。

(3)以架构为中心。

RUP 的第三大特征是它强调软件开发是以架构为中心的。架构设计是系统设计的一个重要组成部分，在架构设计过程中，设计师必须完成对技术和运行平台的选取，完成整个项目的基础框架的设计，完成对公共组件的设计，如审计系统、日志系统、错误处理系统、安全系统等。设计师必须对系统的可扩展性、安全性、可维护性、可重用性和运行速度提出可行的解决方案。

7.2.3 RUP 工作流程

RUP 中有 9 个核心工作流，分为 6 个核心过程工作流(Core Process Workflows)和 3

个核心支持工作流(Core Supporting Workflows)，如图 7-5 所示。9 个核心工作流在项目中轮流被使用，在每一次迭代中以不同的重点和强度重复使用。

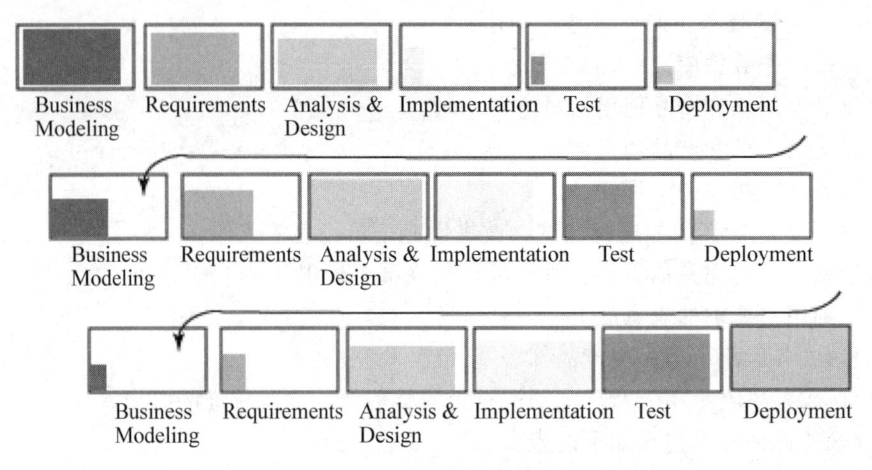

图 7-5　RUP 迭代开发模型

1. 核心过程工作流

(1)商业建模(Business Modeling)。

该工作流描述了如何为新的目标组织开发一个构想，并基于这个构想在商业用例模型和商业对象模型中定义组织的过程、角色和责任。

(2)需求(Requirements)。

该工作流的目标是描述系统应该做什么，并使开发人员和用户就这一描述达成共识。为了达到该目标，要对需要的功能和约束进行提取、组织、文档化，最重要的是理解系统解决问题的定义和范围。

(3)分析和设计(Analysis and Design)。

该工作流将需求转化为未来系统的设计，为系统开发一个健壮的结构并调整设计使其与实现环境相匹配，优化其性能。分析和设计的结果是一个设计模型和一个可选的分析模型。设计模型是源代码的抽象，由设计类和一些描述组成。设计类被组织为具有良好接口的设计包(Package)和设计子系统(Subsystem)，而描述则体现了类的对象如何协同工作实现用例的功能。设计活动以体系结构设计为中心，体系结构由若干结构视图来表达，结构视图是整个设计的抽象和简化，该视图中省略了一些细节，使重要的特点体现得更加清晰。体系结构不仅仅是良好设计模型的承载媒介，而且在系统的开发中能提高被创建模型的质量。

(4)实现(Implementation)。

该工作流包含定义代码的组织结构、实现代码、单元测试和系统继承 4 个方面的内容。该工作流的目的包括以层次化的子系统形式定义代码的组织结构、以组件的形式(源文件、二进制文件、可执行文件)实现类和对象、将开发出的组件作为单元进行测试，以及集成由单个开发者(或小组)所产生的结果，使其成为可执行的系统。

(5)测试(Test)。

该工作流要验证对象间的交互作用，验证软件中所有组件的正确集成，检验所有的需求已被正确的实现，识别并确认缺陷在软件部署之前已被提出并处理。RUP提出了迭代的方法，意味着在整个项目中进行测试，从而尽可能早地发现缺陷，从根本上降低了修改缺陷的成本。测试类似于三维模型，分别从可靠性、功能性和系统性三个方面来进行。

(6)部署(Deployment)。

该工作流的目的是成功地生成版本并将软件分发给最终用户。部署工作流描述了与确保软件产品对最终用户具有可用性的相关活动，包括软件打包、生成软件本身以外的产品、安装软件、为用户提供帮助。在某些情况下，还可能包括计划和进行Beta版测试、移植现有的软件和数据以及正式验收。

2. 核心支持工作流

(1)配置和变更管理(Configuration and Change Management)。

该工作流描绘了如何在多个成员组成的项目中控制大量的产物。为配置和变更管理工作流提供了准则来管理演化系统中的多个变体，跟踪软件创建过程中的版本。工作流描述了如何管理并行开发和分布式开发、如何自动化创建工程。同时也阐述了对产品修改的原因、时间、人员，保持审计记录。

(2)项目管理(Project Management)。

该工作流平衡各种可能产生冲突的目标、管理风险，克服各种约束，以成功交付使用户满意的产品。其目标包括：为项目的管理提供框架，为计划、人员配备、执行和监控项目提供实用的准则，为管理风险提供框架等。

(3)环境(Environment)。

该工作流的目的是向软件开发组织提供软件开发环境，包括过程和工具。环境工作流集中于配置项目过程中所需要的活动，同样也支持开发项目规范的活动，提供了逐步指导手册并介绍了如何在组织中实现过程。

3. RUP的应用优势与局限性

RUP是过程组件、方法以及技术的框架，可以应用于任何特定的软件项目，由用户自己限定RUP的使用范围。其应用优势如下。

(1)用例驱动：架构采用用例驱动，能够更有效地从需求转到后续的分析和设计。

(2)增量迭代：采用迭代和增量式的开发模式，便于相关人员从迭代中学习。

(3)协同工作：统一过程是一个工程化的过程，所以它能使项目组的每个成员协调一致的工作，并从多方面强化了软件开发组织。最重要的是其提供了项目组可以协同工作的途径。

(4)项目间协调：RUP提供了项目组与用户、其他项目相关人员一起工作的途径。

(5)易于控制：RUP的重复迭代、用例驱动、以体系结构为中心的开发模式使开发人员能比较容易地控制整个系统的开发过程，管理其复杂性并维护其完整性。

(6)易于管理：体系结构中定义清晰、功能明确的组件为基于组件式的开发和大规模的软件复用提供了有力的支持，也是项目管理中计划与人员安排的依据。

(7)工具丰富：RUP 辅助以 Rational 公司提供的丰富的支持 RUP 的工具集，包括可视化建模工具 RationalRose、需求管理工具 RequisitePro、版本管理工具 ClearCase、文档生成工具 SoDa、测试工具 SQA 和 Performance 等；由于 RUP 采用标准的 UML 描述系统的模型体系结构，因此可以利用很多第三方厂家提供的产品。

但是 RUP 只是一个开发过程，并没有涵盖软件过程的全部内容，如它缺少关于软件运行和支持等方面的内容；此外，对于各种类型的软件项目，RUP 并未给出具体的自身裁减及实施策略，降低了在开发组织内大范围实现重用的可能性，因为其软件开发中涉及几乎所有方面的内容。但是，对于中、小规模的软件项目，开发团队的规模不是很大，软件的开发周期也比较短。在这种情况下，完全照搬 RUP 并不完全适用。

7.2.4 RUP 与 UML

RUP 作为一种实用的软件工程方法，其具体的执行少不了工具的帮助，而统一建模语言 UML 与 RUP 的契合度就很高，前文已经详细介绍了 RUP 的 4 个阶段：初始阶段、细化阶段、构造阶段和交付阶段，在不同的阶段，主要参与工程的 UML 图也不同。下面将介绍在统一软件开发过程中的不同阶段如何使用 UML 图。

1. 初始阶段常用的 UML 图

根据初始阶段的描述和具体目标，可以知道该阶段最主要的问题是确定需求。面向对象的需求分析可以总结为以下几个步骤。

(1)获取需求。

(2)建立需求模型。

(3)识别分析类。

(4)定义类之间的关系。

(5)定义交互行为。

(6)建立分析模型(静态模型和动态模型)。

因此，在该阶段，通常使用的 UML 图有用例图、用例文档、类图、顺序图和活动图，如表 7-1 所示。

表 7-1 初始阶段常用的 UML 图

UML 图	使用场景
用例图	获取需求，建立需求模型
用例文档	为重要用例添加事件流描述
类图	通过事件流描述识别分析类
顺序图	定义交互行为
活动图	描述用例实例或对象中的活动

2. 细化阶段常用的 UML 图

细化阶段负责对接初始阶段和构造阶段，根据细化阶段的描述和具体目标。可知该阶段的核心任务是对分析的结果进行细化、精化，最后输出一套“伪代码”级别的设计文档，便于构造阶段中的工作人员准确地按照既定的目标前进。因此，在该阶段，通常使用的 UML 图有类图、包图、组件图、通信图、状态图，如表 7-2 所示。

表 7-2　细化阶段常用的 UML 图

UML 图	使用场景
类图	主要描述系统的设计类
包图	用于将系统划分成子系统，可以厘清系统的功能分布，也便于分工和合作
组件图	将一些实现统一功能的代码进行集合抽象
通信图	用于确定任意时刻系统中某一对象/实体需要执行的操作
状态图	用于确定任意时刻系统中某一对象/实体应该处于的状态

3. 构造阶段常用的 UML 图

到该阶段，使用 UML 图的高频期已经过去，在详细的编码过程中偶尔会对之前的设计进行细微修改，但基本不会改变整体的系统设计。有一个问题需要在选择软件框架、编程语言、目标平台时进行考虑，那就是最终系统该如何进行部署。因此，在该阶段，需要使用的 UML 图是部署图，如表 7-3 所示。

表 7-3　构造阶段常用的 UML 图

UML 图	使用场景
部署图	描述系统的部署

4. 交付阶段常用的 UML 图

交付阶段是以用户为主导的阶段，用户需要试用软件来确定其要求是否已经被满足。在该阶段，可以将用例图作为测试系统功能的重要依据，并且在测试时，可以使用用例图来设计测试用例、使用活动图来辅助测试。因此，在该阶段，需要使用的 UML 图是用例图和活动图，如表 7-4 所示。

表 7-4　交付阶段常用的 UML 图

UML 图	使用场景
用例图	作为测试系统功能的重要依据，设计测试用例
活动图	辅助测试，通过通用流程对问题进行排查

7.3 其他软件开发模型

7.3.1 瀑布模型

在传统的软件开发方法学中，最典型的软件开发模型就是瀑布模型。基于软件开发的6个经典阶段，1970年Winston Royce提出了著名的"瀑布模型"，如图7-6所示。

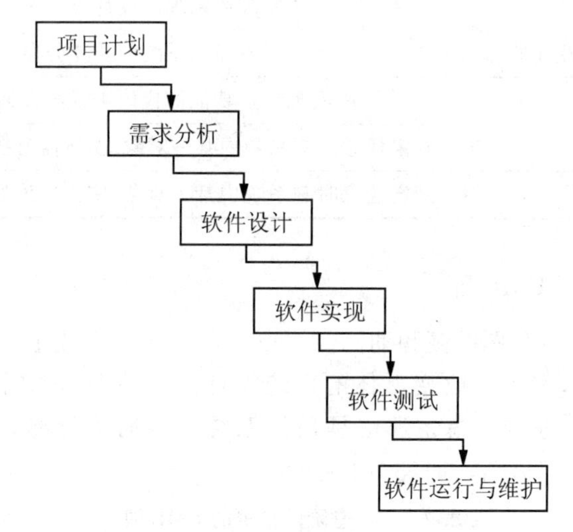

图7-6 瀑布模型

瀑布模型的核心思想是按工序将问题简化，将功能的实现与设计分开，便于分工协作，即采用结构化的分析与设计方法将逻辑实现与物理实现分开。它将软件生命周期划分为项目计划、需求分析、软件设计、软件实现、软件测试和软件运行与维护6个基本活动，并且规定了它们自上而下、相互衔接的固定次序，如同瀑布流水，逐级下落。

1. 瀑布模型的优点

瀑布模型具有如下优点。

(1)为项目提供了按阶段划分的检查点。

(2)当前一阶段完成后，开发人员只需要去关注后续阶段即可。

(3)可在迭代模型中应用瀑布模型。

(4)瀑布模型提供了一个模板，这个模板使分析、设计、编码、测试和支持的方法可以在该模板下有一个共同的指导。

2. 瀑布模型的缺点

瀑布模型具有如下缺点。

(1)各个阶段的划分完全固定，阶段之间产生大量的文档，极大地增加了工作量。

(2)由于开发模型是线性的，用户只有等到整个过程的末期才能见到开发成果，从而增加了开发风险。

(3)通过过多的强制完成日期和里程碑来跟踪各个项目阶段。

(4)瀑布模型的突出缺点是不适应用户需求的变化。

7.3.2 原型模型

原型模型也称为样品模型或快速原型模型，如图 7-7 所示。它是在开发真实系统之前，构造一个原型，在该原型的基础上，逐渐完成整个系统的开发工作。原型模型的第一步是建造一个快速原型，实现客户或最终用户与系统的交互，客户或最终用户对原型进行评价，进一步细化待开发软件的需求。通过逐步调整原型使其满足客户的要求，开发人员可以先确定客户的真正需求是什么。第二步则在第一步的基础上开发让客户满意的软件产品。

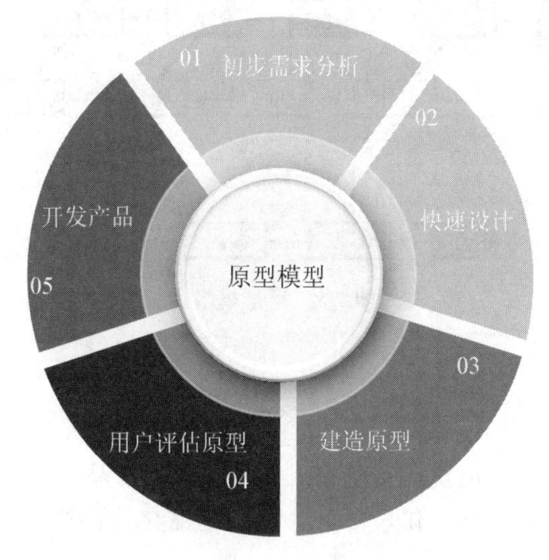

图 7-7 原型模型

1. 原型模型的优点

原型模型的优点是克服了瀑布模型的缺点，减少于由于软件需求不明确带来的开发风险。这种模型适合预先不能确切定义需求的软件系统的开发。

2. 原型模型的缺点

原型模型的缺点是所选用的开发技术和工具不一定符合主流发展优势。快速建立起来的系统结构，加上连续的修改可能会导致产品质量低下。使用这个模型的前提是要有一个展示性的产品原型，因此在一定程度上可能会限制开发人员的创新。

7.3.3 增量模型

增量模型是将待开发的软件系统模块化，将每个模块作为一个增量组件，从而分批次地分析、设计、编码和测试这些增量组件。运用增量模型的软件开发过程是递增式的过程。相对于瀑布模型而言，采用增量模型进行开发，开发人员不需要一次性地将整个软件产品提交给用户，可以分批次进行提交。

增量模型又称为渐增模型，或称为有计划的产品改进模型，它从一组给定的需求开始，通过构造一系列可执行中间版本来实施开发活动。第一个版本纳入一部分需求，下一个版本纳入更多的需求，以此类推，直到系统完成。每个中间版本都要执行必需的过程、活动和任务。

增量模型是瀑布模型和原型模型的综合，它对软件过程的考虑是在整体上按照瀑布模型的流程实施项目开发，以便对项目进行管理；但在软件的实际创建中，则将软件系统按功能分解为许多增量构件，并以构件为单位逐一创建与交付，直到全部增量构件创建完毕，并都被集成到系统中交付用户使用，如图 7-8 所示。

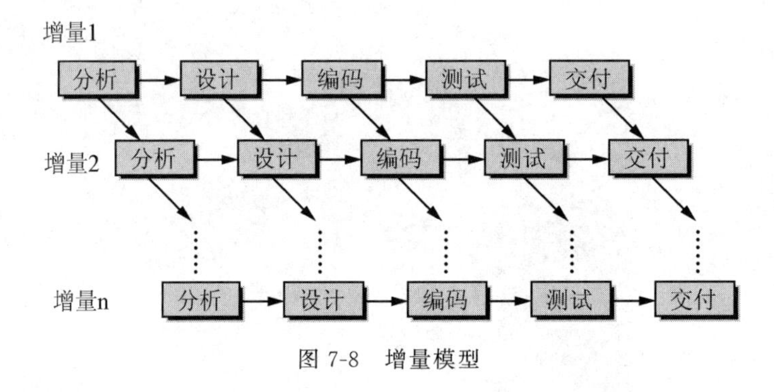

图 7-8　增量模型

1. 增量模型的优点

增量模型具有如下优点。

(1)能在较短的时间内向用户提交可完成部分工作的产品。

(2)将待开发的软件系统模块化，可以分批次地提交软件产品，使用户可以及时了解软件项目的进展。

(3)以组件为单位进行开发降低了软件开发的风险。一个开发周期内的错误不会影响到整个软件系统。

(4)开发顺序灵活。开发人员可以对组件的实现顺序进行优先级排序，先完成需求稳定的核心组件。当组件的优先级发生变化时，还能及时地对实现顺序进行调整。

2. 增量模型的缺点

增量模型的缺点如下。

(1)由于各个构件是逐渐并入已有的软件体系结构中的，所以加入构件时不能破坏已构造好的系统部分，这需要软件具备开放式的体系结构。

(2)在开发过程中，需求的变化是不可避免的。增量模型的灵活性可以使其适应这种变化的能力大大优于瀑布模型和原型模型，但也很容易退化为边做边改模型，从而使软件过程的控制失去整体性。

(3)如果增量包之间存在相交的情况且未很好地进行处理，则必须进行全盘系统分析。这种模型将功能细化后分别开发的方法较适应于需求经常改变的软件开发过程。

7.3.4 螺旋模型

螺旋模型是一种演化软件开发过程模型，它兼顾了原型模型的迭代特征以及瀑布模型的系统化与严格监控。螺旋模型最大的特点在于引入了其他模型不具备的风险分析，使软件在无法排除重大风险时有机会停止，以减小损失。同时，在每个迭代阶段构建原型是螺旋模型用以减小风险的途径。螺旋模型更适合大型的、昂贵的、系统级的软件应用。螺旋模型沿着螺线旋转，如图 7-9 所示，在笛卡尔坐标的 4 个象限上分别表达了 4 个方面的活动。

(1)制订计划：确定软件目标，选定实施方案，厘清项目开发的限制条件。

(2)风险分析：分析评估所选方案，考虑如何识别和消除风险。

(3)实施工程：实施软件开发和验证。

(4)客户评估：评价开发工作，提出修正建议，制订下一步计划。

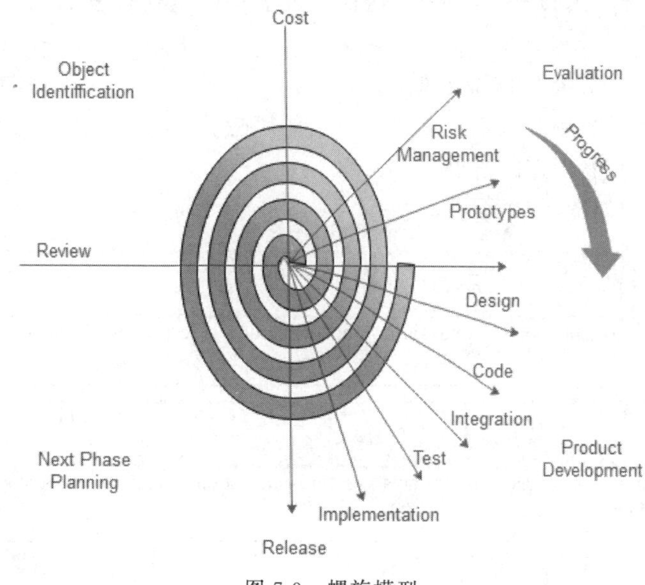

图 7-9 螺旋模型

1. 螺旋模型的优点

螺旋模型具有如下优点。

(1)设计上的灵活性，可以在项目的各个阶段进行变更。

(2)以小的分段来构建大型系统，使成本计算变得简单容易。

(3)客户始终参与每个阶段的开发，保证了项目不偏离正确方向以及项目的可控性。

(4)随着项目推进，客户始终掌握项目的最新信息，从而保证了客户能够和管理层有效地交互。

(5)客户认可这种公司内部的开发方式带来的良好沟通和高质量产品。

2. 螺旋模型的缺点

螺旋模型的缺点如下。

(1)很难让用户确信这种演化方法的结果是可以控制的。

(2)建设周期长，而软件技术发展比较快，所以经常出现软件开发完毕后，和当前的技术水平已经有了较大的差距，无法满足用户的当前需求。

小白问答

问：RUP迭代开发模型与传统的瀑布模型相比较，迭代过程有哪些优点？

答：传统的软件开发是顺序通过每个工作流，且每个工作流只有一次，这就是人们所熟悉的瀑布模型生命周期。这样做的结果是到实现末期产品完成才开始进行测试，在分析、设计和实现阶段所遗留的问题会大量出现，开发过程可能要停止并开始一个漫长的错误修正周期。

所以，相对传统的瀑布模型，RUP迭代开发模型的迭代过程的优点主要体现在以下几点。

(1)降低了在一个增量上的开支风险。

(2)降低了产品无法按照既定进度进入市场的风险。

(3)加快了整个开发工作的进度。

其迭代开发模型如图7-10所示。

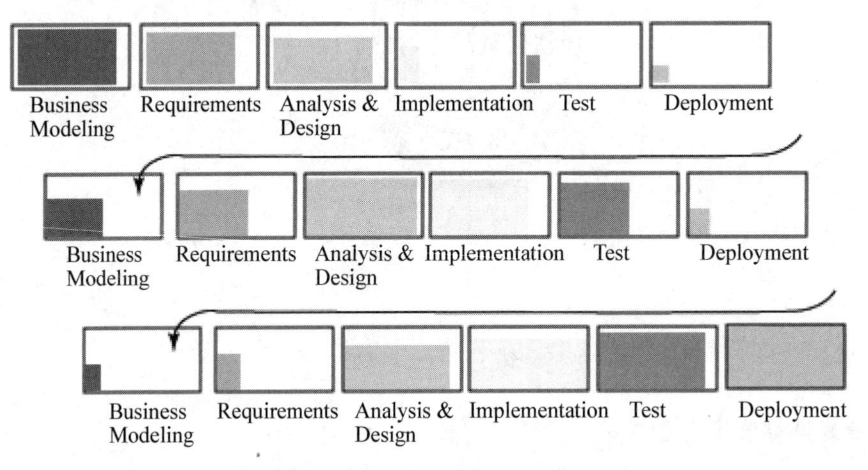

图7-10　RUP迭代开发模型

习　题

一、选择题

1. 下列不属于RUP的特点的是(　　)。

A. 迭代模型　　　　B. 用例驱动

C. 以架构为中心　　　　D. 引入风险分析

2. 以下说法不正确的一项是(　　)。

A. 瀑布模型是线性的，用户只有等到整个过程的末期才能见到开发成果，从而增加

了开发风险

B. 快速原型模型适合预先不能确切定义需求的软件系统的开发

C. 增量模型将待开发的软件系统模块化，可以分批次地提交软件产品，使用户可以及时了解软件项目的进展

D. 螺旋模型建设周期短，可以迅速地提供给用户软件系统

3. 以下 UML 图中不需要在初始阶段出现的是(　　)。

A. 用例图　　B. 类图　　C. 顺序图　　D. 部署图

4. 在统一过程的开发流程中定义了“谁”“何时”“如何”做“某事”，并分别使用 4 种主要的建模元素来进行表达。其中，做“某事”对应着静态结构中的(　　)元素。

A. 工作者　　B. 活动　　C. 工作流　　D. 产物

二、填空题

1. RUP 软件开发生命周期是一个二维软件开发模型。横轴表示________，是过程展开的生命周期特征，体现开发过程的________；纵轴以________组织为自然的逻辑活动，体现开发过程的________。

2. Rational 统一过程中，静态结构通过________、________、________和________ 4 种建模元素进行表达。

3. Rational 统一过程的 4 个阶段分别是________、________、________和________。

4. ________是一种演化软件开发过程模型，它兼顾了快速原型的迭代特征以及瀑布模型的系统化与严格监控，它最大的特点在于引入了其他模型不具备的风险分析。

5. ________的核心思想是按工序将问题简化，其将功能实现与设计分开，将软件生命周期划分为项目计划、需求分析、软件设计、软件实现、软件测试和软件运行与维护 6 个基本活动，并规定了它们自上而下、互相衔接的固定顺序。

6. RUP 中有 9 个核心工作流，分为 6 个________和 3 个________。

第3篇　综合实训

第 8 章　教学案例——腾讯课堂老师极速版(Windows)

8.1　教学案例概述

本章以在线教育平台——腾讯课堂老师极速版(Windows)为案例，综合运用本书所学的知识，对 UML 建模技术进行实践。

腾讯课堂是腾讯推出的专业在线教育平台，打造教师在线上课教学、学生及时互动学习的课堂。本章以腾讯课堂老师极速版(Windows)作为教学案例，第 9 章将以腾讯课堂学生极速版(Windows)作为实训案例，完成腾讯课堂(Windows)的建模。

下面将对腾讯课堂老师极速版(Windows)功能进行介绍。

(1)输入手机号登录并填写认证信息，如图 8-1 所示。

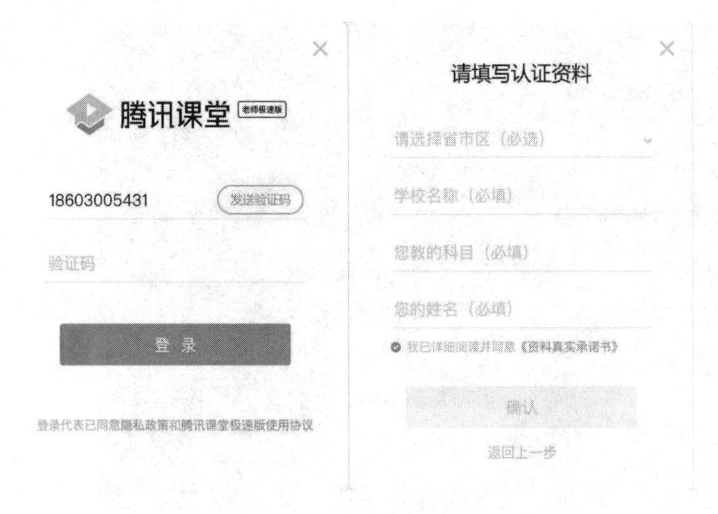

图 8-1　登录并认证

(2)进入开课界面，单击“开始上课”按钮，在弹出的对话框中输入课程名称、授课内容，选择是否生成回放，单击“确认”按钮即可进入直播间，如图 8-2 所示。

(3)单击“邀请学生听课”按钮，将听课链接或二维码发送给学生，学生单击链接或识别二维码即可进入课堂学习，如图 8-3 所示。

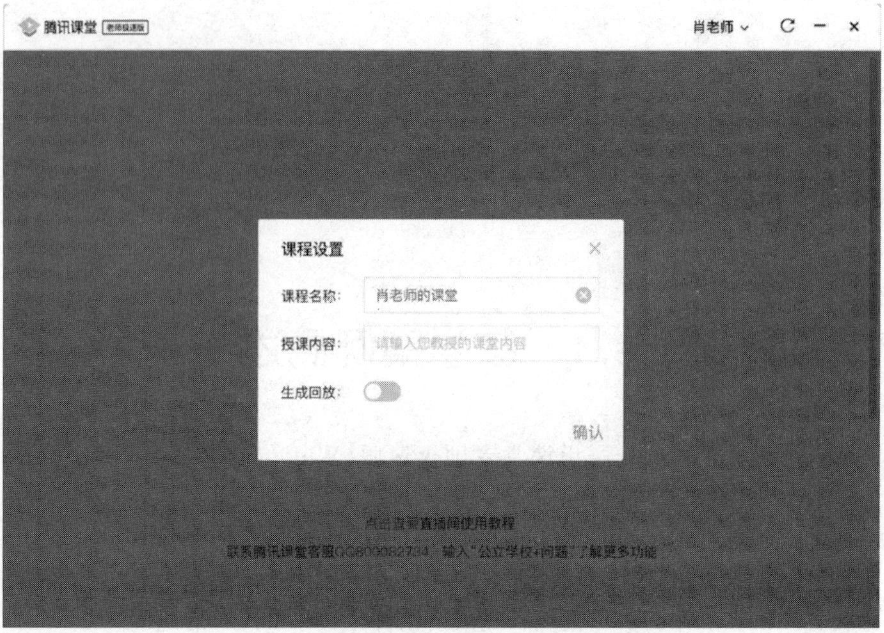

图 8-2　开始上课

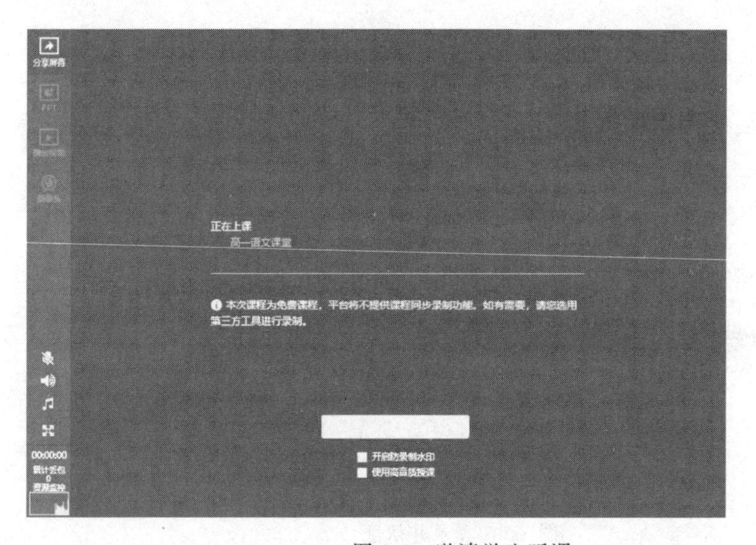

图 8-3　邀请学生听课

(4)教师课前要测试摄像头、麦克风是否正常，若一切正常即可开始上课，直播间主要分为 3 个区域：功能区、授课区和讨论区。单击“上课”按钮即可进入上课界面，其中有 4 种授课模式：屏幕分享授课、PPT 授课、播放视频授课和摄像头授课，如图 8-4～图 8-7 所示。

图 8-4　屏幕分享授课

图 8-5　PPT 授课

图 8-6　播放视频授课

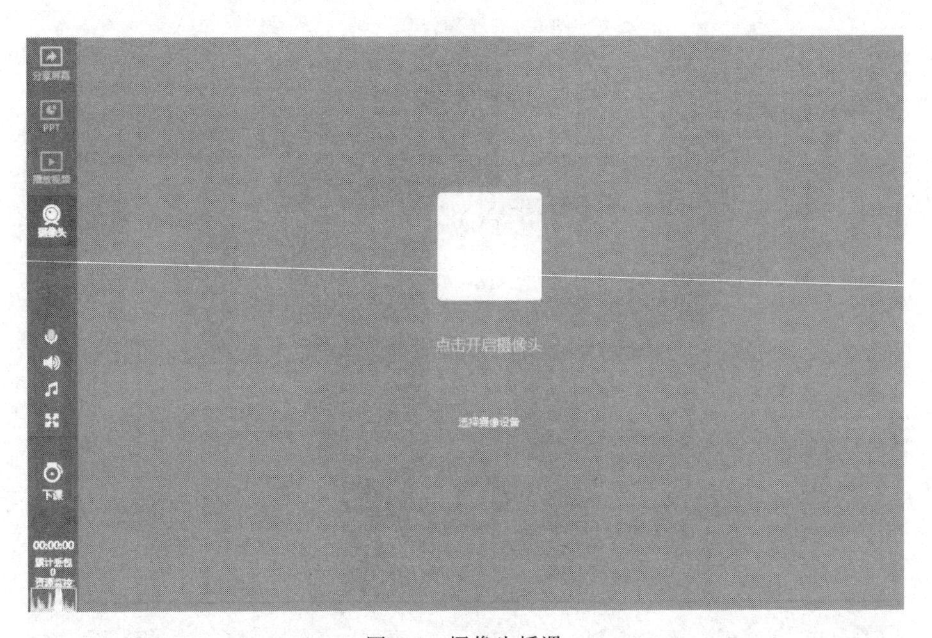

图 8-7　摄像头授课

(5)在上课过程中，教师还可以使用工具栏中的工具辅助授课，如画板、签到、答题卡、画中画等。各辅助授课工具说明如表 8-1 所示。

表 8-1　辅助授课工具说明

名称	说明
画板	可在屏幕上进行标注，支持画笔、文字、圆形和矩形 4 类画板工具
签到	发布一次签到活动，学员收到弹框，可单击签到
答题卡	发布一次答题活动，学员收到弹框，可单击答题
画中画	屏幕分享的同时开启摄像头，摄像头画面将出现在学员画面的右下角
举手	开启上麦模式，学员可在客户端申请连麦，教师同意后，学员即可上麦
预览	开启小窗口，预览当前直播画面

(6)教师可以在成员列表区域查看学员信息、修改备注姓名、在课程中禁言和踢人。踢出直播间后，7 天内学生无法再次进入老师的课堂，禁言后可以恢复，如图 8-8 所示。

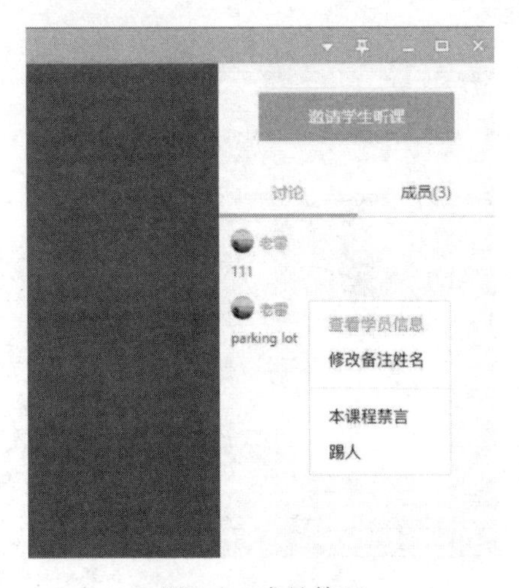

图 8-8　成员管理

(7)课程结束后，单击左下角的“下课”按钮即可下课，学生将无法再收到音频、视频，如图 8-9 所示。

图 8-9　下课

(8)老师下课后，在历史课程中，可以看到每位学生的考勤数据，包括观看直播回放的数据。教师如果在开课前选择生成回放，则可以查看回放、分享给学生等。历史课程管理如图 8-10 所示，考勤管理如图 8-11 所示。

腾讯课堂 老师极速版　肖老师

< 历史课程

课程序号	授课内容	授课时间	授课时长	操作
45	现代文阅读	今天 14:00-15:30	60分钟	考勤　预计24小时内生成回放
44	初高中语文差异居然这么	昨天 14:00-15:30	60分钟	考勤　查看　分享
44	初高中语文差异居然这么	昨天 14:00-15:30	60分钟	考勤　查看　分享
42	自然类记叙散文写作	2020-01-03 14:00-15:30	30分钟	考勤　查看　分享
41	初高中语文差异居然这么大!	2020-01-03 14:00-15:30	10分钟	考勤　查看　分享
40	自然类记叙散文写作	2020-01-03 14:00-15:30	5分钟	考勤　查看　分享
39	自然类记叙散文写作	2020-01-03 14:00-15:30	0分钟	考勤　查看　分享

< 1 2 3 4 5 6 7 8 9 10 … 18 >

图 8-10　历史课程管理

首页 > 历史课程 > 考勤《红文测试》　考勤记录

本课程观看直播241人，观看回放4人（最终观看直播时长请以下课5分钟后的数据为准）

学生序号	姓名	观看直播时长	观看回放时长	进入课堂时间
17	张先兰	9分钟	-	2020-02-29 10:09
16	陈怡霏	9分钟	-	2020-02-29 10:09
15	陈老师	9分钟	-	2020-02-29 10:09
14	闭雪英	9分钟	-	2020-02-29 10:09
13	董蕾	9分钟	-	2020-02-29 10:09
12	张健斌	9分钟	-	2020-02-29 10:09

< 1 … 37 38 39 40 41 >

图 8-11　考勤管理

8.2 教学案例需求分析

在线教育平台是利用网络技术实施在线培训、在线教育的工具软件。2020年，受新型冠状病毒肺炎疫情的影响，应教育部“停课不停学、停课不停教”的工作安排和部署，在线教育平台在全国各学校得到广泛应用。其中，“腾讯课堂”作为一款成熟的在线教育平台，以其完善的功能、简便的操作(尤其是针对疫情期间提供的极速版)广受师生好评。现通过对腾讯课堂老师极速版(Windows)进行分析，其功能需求情况如表8-2所示。

表8-2 腾讯课堂老师极速版(Windows)相关功能需求

对象	功能	说明
老师	认证	用户填写认证资料进行认证
	登录	用户输入手机号和验证码可以登录系统，进入开课界面
	开课	教师输入课程名称、授课内容、选择是否生成回放，单击“确认”按钮即可进入直播间
	邀请学生听课	教师可将听课链接或二维码发给学生，邀请学生听课
	上课	教师可以选择使用4种模式进行上课，分别是屏幕分享授课、PPT授课、播放视频授课和摄像头授课。也可以使用其他上课工具辅助授课，如画板、签到等
	成员管理	教师可以在成员列表区域，查看学员信息、修改备注姓名、在课程中禁言和踢人
	下课	课程结束后即可下课
	历史课程管理	教师下课后，在历史课程中可以查看学生考勤、观看直播回放、分享直播回放等

8.3 教学案例建模

8.3.1 教学案例需求建模

通过对该项目进行需求分析，得到该项目的系统用例图，如图8-12所示。

8.3.2 教学案例静态建模

通过对该项目进行分析和对实体类进行建模，得到实体类图，如图8-13所示。该项目的实体类包含老师类、学生类、课堂记录类、考勤信息类和课堂纪律类。

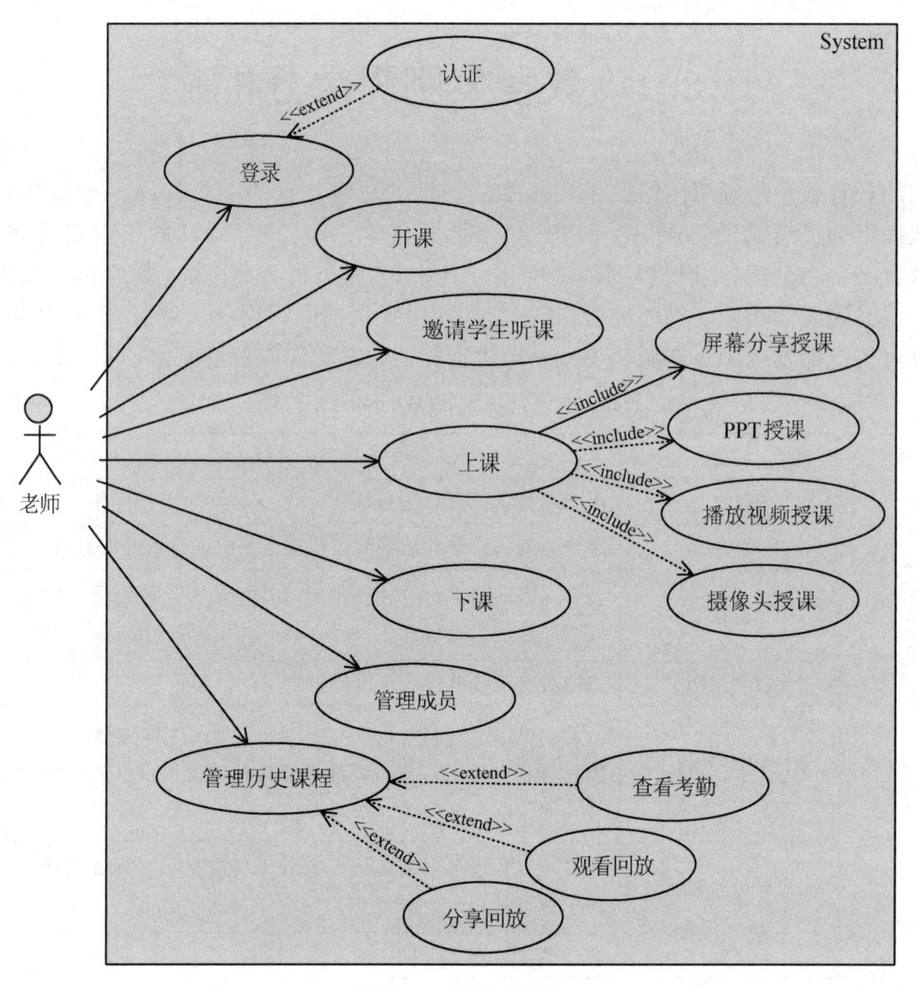

图 8-12 系统用例图

8.3.3 教学案例动态建模

1. 登录活动图

登录步骤如下。

(1)老师输入手机号和验证码。

(2)老师确认登录。

(3)系统对输入信息进行验证。

(4)如果验证失败，系统会提示登录失败，用户可以选择重新输入信息；如果验证成功，系统会判断该用户是否为新用户。

(5)如果用户为新用户，系统会进入认证页面，用户填写并提交认证信息后即可进入开课界面；如果用户不是新用户，可直接进入开课界面。

登录活动图如图 8-14 所示。

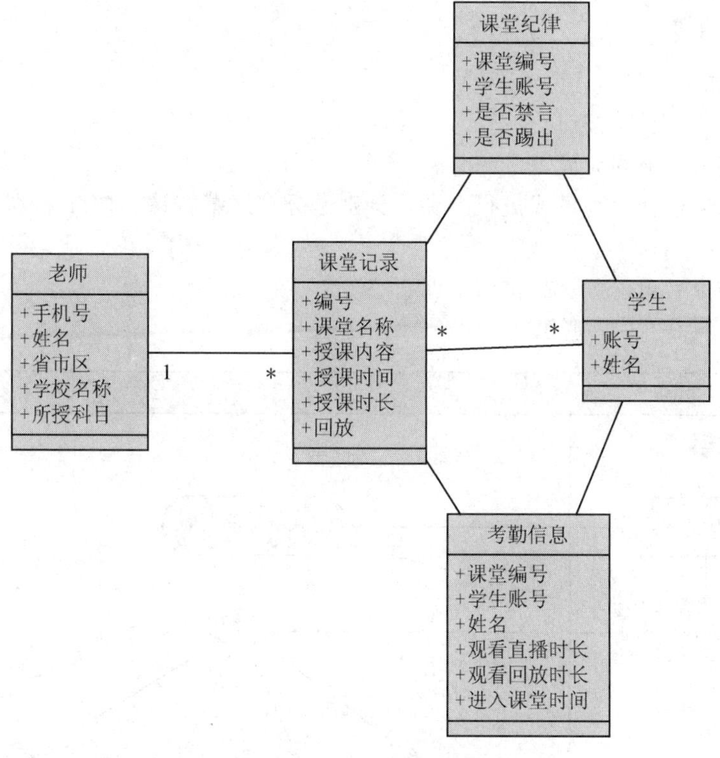

图 8-13　系统实体类图

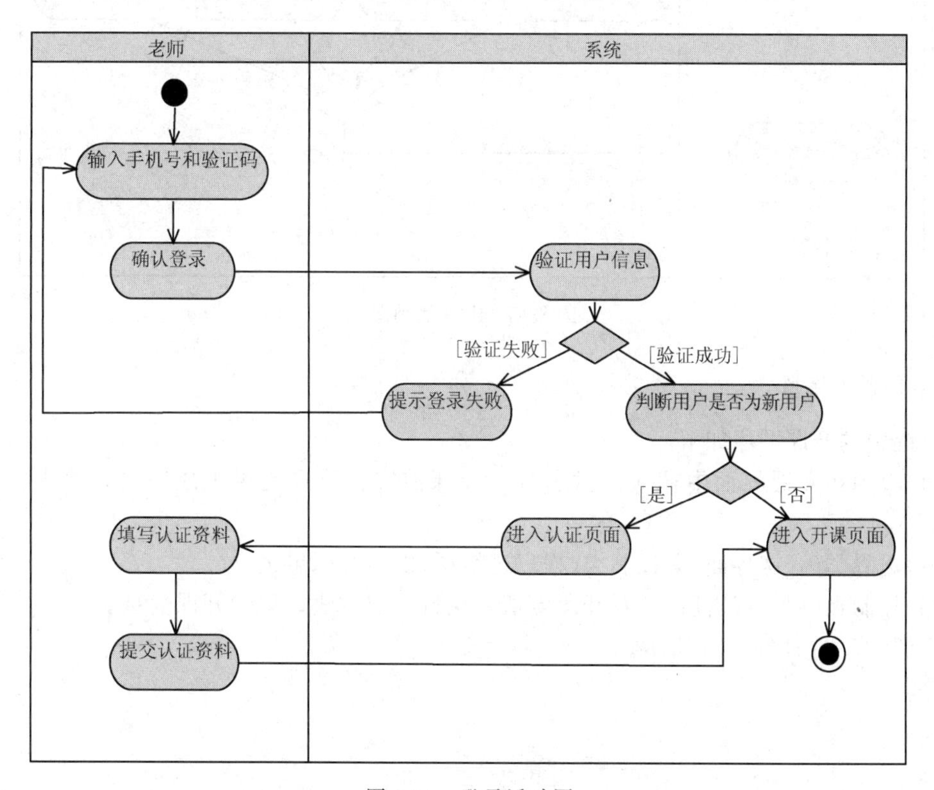

图 8-14　登录活动图

2. 上课活动图

上课步骤如下。

(1)教师单击“上课”按钮。

(2)系统进入直播间界面。

(3)教师可以选择4种模式进行上课，分别是分享屏幕授课、PPT授课、播放视频授课、摄像头授课。

(4)课程结束后单击“下课”按钮下课。

上课活动图如图8-15所示。

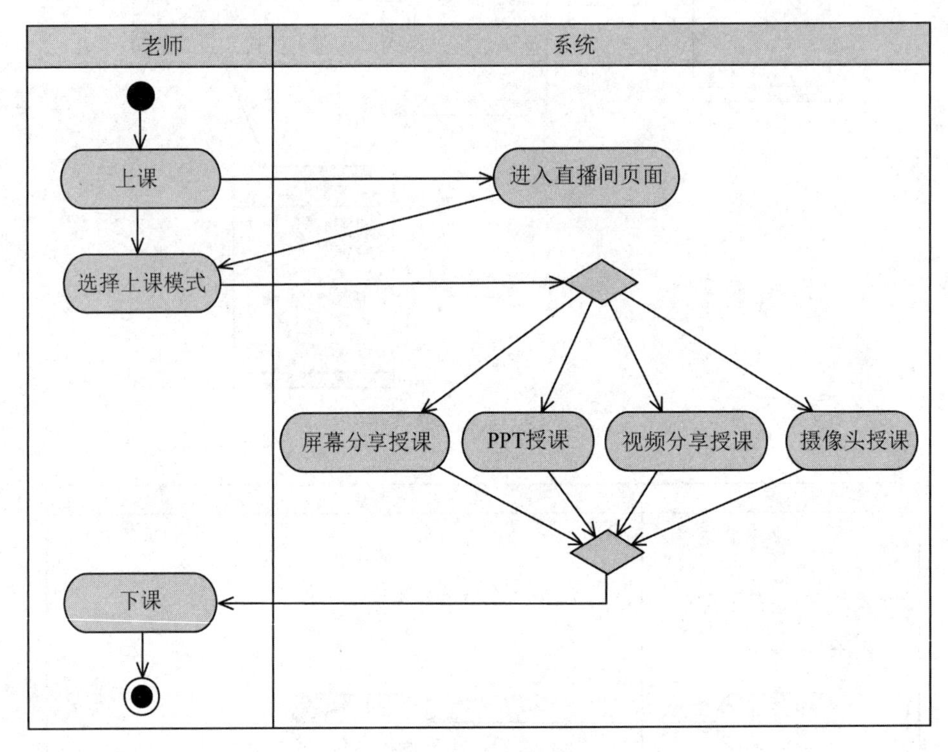

图8-15 上课活动图

3. 开课顺序图

系统中的开课顺序如下。

(1)教师在开课界面中输入课堂名称、授课内容、选择是否生成回放，单击“确认”按钮。

(2)边界类(开课界面)向控制类(程序逻辑层)发出开课申请。

(3)控制类(程序逻辑层)接收开课申请，执行一定方法，记录开课信息。

开课顺序图如图8-16所示。

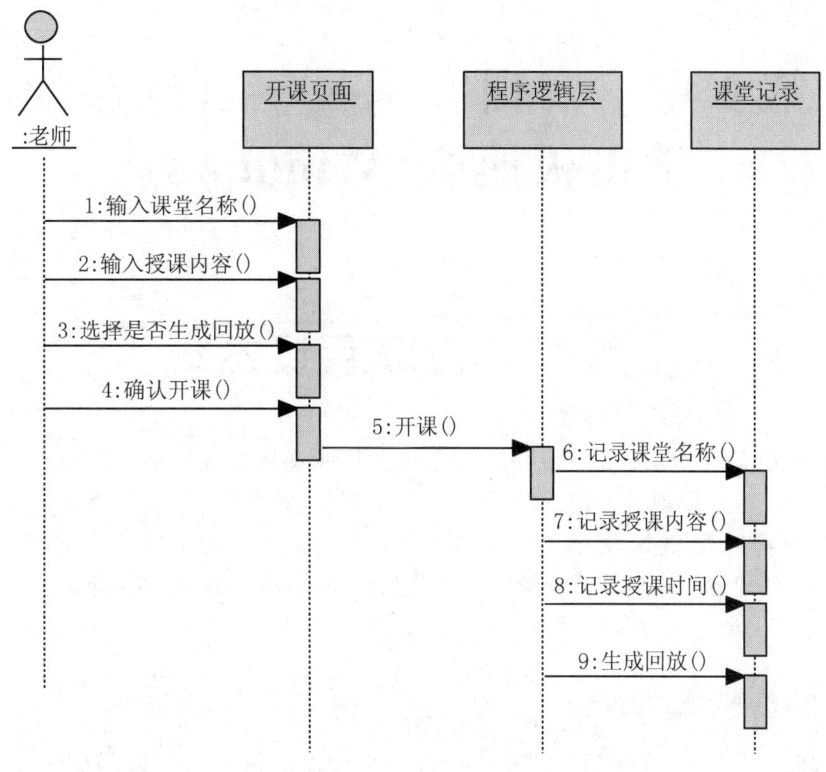

图 8-16　开课顺序图

8.3.4　教学案例物理建模

通过对该项目部署进行分析得到部署图，如图 8-17 所示。

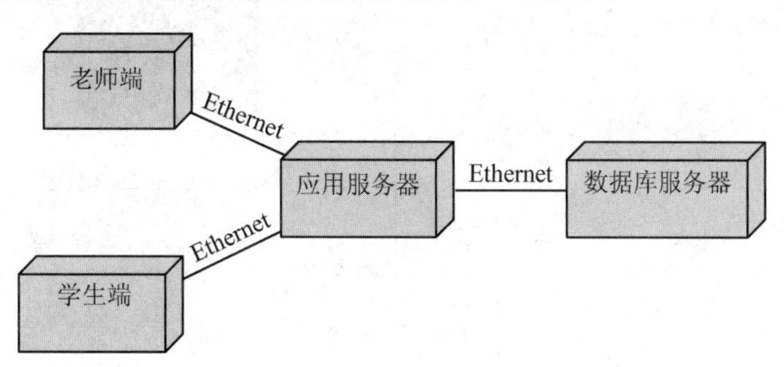

图 8-17　部署图

第9章　实训案例——腾讯课堂学生极速版(Windows)

9.1　实训项目概述

根据第8章介绍，学生可以在QQ/微信内单击听课链接或识别二维码，通过网页进入直播间听课，也可以通过手机下载、安装App或通过电脑下载、安装客户端进入直播间听课。本章将以腾讯课堂学生极速版(Windows)作为实训案例，完成学生极速版(Windows)的建模。现对腾讯课堂学生极速版(Windows)功能介绍如下。

(1)学生可以通过QQ或微信登录，进入课堂，如图9-1所示。

图9-1　登录

(2)学生进入课堂后，会被要求填写真实姓名，填写完成即可进入课堂，观看教师实时授课，并参与互动讨论。在听课过程中，可以对屏幕、麦克风、音量等进行设置，以达到最佳的听课效果，如图9-2、图9-3所示。

(3)教师下课后，学生可以在课堂首页查看课程表、历史回放等，如图9-4所示。

图 9-2　身份认证

图 9-3　听课

图 9-4　课堂首页

9.2 实训内容和要求

根据项目概述，结合项目实际，使用 StarUML 建模工具，按照“需求建模”“静态建模”“动态建模”“物理建模”对该系统进行 UML 建模，具体实训内容如下。

1. 需求建模

使用 UML 的用例图和用例文档对系统进行需求建模，具体要求如下。

(1)分析该系统的参与者。

(2)分析该系统的用例。

(3)分析用例间的关系。

(4)使用 StarUML 绘制用例图。

(5)对于主要用例，通过用例文档进行补充描述。

2. 静态建模

使用 UML 的类图(必选)和对象图(可选)对系统进行静态结构建模，具体要求如下。

(1)根据对该系统的分析，识别系统的实体类。

(2)根据项目实际确定类的属性。

(3)分析类之间的关系。

(4)使用 StarUML 绘制类图。

(5)根据需要绘制对象图。

3. 动态建模

使用 UML 的顺序图、通信图、活动图、状态图对系统进行动态行为建模，具体要求如下。

(1)分析对象之间的消息交互。

(2)使用 StarUML 绘制顺序图和通信图。

(3)根据用例文档中的事件流，确定系统主要的工作流程。

(4)使用 StarUML 绘制活动图。

(5)根据需要，正确分析一个或多个类对象的状态并分析状态的转移。

(6)使用 StarUML 绘制状态图。

4. 物理建模

使用 UML 的组件图和部署图对系统进行物理建模，具体要求如下。

(1)分析系统的组件。

(2)确定组件间的关系。

(3)使用 StarUML 绘制组件图。

(4)分析系统的物理部署。

(5)确定节点及节点之间的关系。

(6)使用 StarUML 绘制部署图。

5. 实训要求

实训是操作性很强的教学环节，现对实训做如下要求。

(1)一人一机，每个学生独立完成所有实训环节。

(2)学生应能通过各种媒体获取相关资料进行上机准备工作，确保能按照实训进度表完成实训任务。

(3)2～4 人为一个项目小组，确定项目小组组长，由组长定期组织小组成员讨论实训课题，及时发现问题并解决问题，但不允许相互抄袭、复制。

9.3 实训安排

该课程综合实训遵循软件开发生命周期，按照“需求建模”“静态建模”“动态建模”“物理建模”4 个方面对系统进行建模。实训进度表如表 9-1 所示。

表 9-1 实训进度表

实训阶段	实训内容	详细内容	课时
第一阶段	需求建模	用例图 用例文档	4 课时
第二阶段	静态建模	类图 对象图	4 课时
第三阶段	动态建模	顺序图 通信图 活动图 状态图	8 课时
第四阶段	物理建模	组件图 部署图	4 课时

9.4 实训考核

该课程综合实训主要考查学生运用 UML 建模知识完成软件系统建模的能力，考核标准主要是由出勤情况、实训各个阶段 UML 图完成情况、答辩情况 3 部分组成。具体的考核标准如表 9-2 所示。

表 9-2　考核标准

考核点	考核比例	评分标准
出勤	20%	(1)满勤，并认真完成各阶段任务(优秀) (2)缺勤 10%以下，并认真完成各阶段任务(良好) (3)缺勤 20%以下，并认真完成各阶段任务(及格) (4)缺勤超过 20%(不及格)
系统建模	需求建模：20% 静态建模：10% 动态建模：20% 物理建模：10%	(1)100%完成实训任务，软件模型图绘制正确(优秀) (2)80%完成实训任务，软件模型图绘制基本正确(良好) (3)60%完成实训任务，软件模型图绘制基本正确(及格) (4)完成任务未达标(不及格)
答辩	20%	(1)答辩过程完整，能回答教师的所有提问(优秀) (2)答辩过程基本完整，能回答教师的所有提问(良好) (3)答辩过程基本完整，能回答教师的部分提问(及格) (4)答辩过程不完整(不及格)

附录1　UML面向对象分析与设计在毕业设计(论文)中的应用

1. 绪论

可选择以下内容进行阐述。

(1)项目研究背景。

(2)项目研究现状。

(3)项目研究意义。

(4)项目研究方法和内容。

(5)相关技术介绍。

2. 需求分析

可从以下两个方面进行阐述。

(1)功能性需求。

①描述系统功能：用例图。

②详述系统重要用例或复杂用例：用例文档。

(2)非功能性需求。

可从系统可用性、可靠性、性能、可支持性、安全性、物理环境需求等方面进行阐述。

3. 系统分析

(1)静态分析：类图、对象图。

(2)动态分析：活动图、顺序图、通信图、状态图。

4. 系统设计

(1)数据结构设计。

①类设计：类图。

②数据库设计：概念结构设计、逻辑结构设计、物理结构设计。

(2)体系结构设计：组件图、部署图。

(3)用户界面设计。

(4)算法设计。

5. 系统实现

6. 系统测试

附录2 “雨课堂”的安装与使用

“雨课堂”由学堂在线与清华大学在线教育办公室共同研发，旨在连接师生的智能终端，将课前、课中、课后的每一个环节都赋予全新的体验，最大限度地释放教与学的能量，以推动教学改革。

“雨课堂”将复杂的信息技术手段融入PowerPoint和微信，在课外预习与课堂教学间建立沟通桥梁，让课堂互动永不下线。使用“雨课堂”，教师可以将带有MOOC视频、习题、语音的课前预习课件推送到学生手机中，师生能够及时沟通，课堂上实时答题、弹幕互动、随机点名，为传统课堂教学师生互动提供了完美解决方案。“雨课堂”科学地覆盖了课前、课中、课后的每一个教学环节，为师生提供了完整的立体化数据支持，以及个性化报表、自动任务提醒，让教与学更简单明了。

1. “雨课堂”的安装

“雨课堂”安装步骤如下。

(1)下载安装包，下载地址：https://www.yuketang.cn/download。

(2)安装环境确认。

①操作系统：Windows 7 SP1及以上版本。

②需同时安装：PowerPoint 2007及以上版本或WPS个人版(6929)及以上版本。

(3)教师授课安装。

进入安装向导界面，确认许可证协议与当前使用的PPT版本后，选定安装位置即可开始安装，如图A2-1～图A2-6所示。

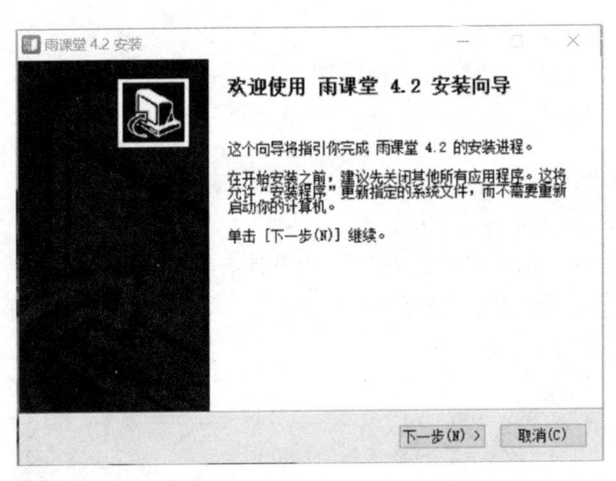

图 A2-1 安装向导界面

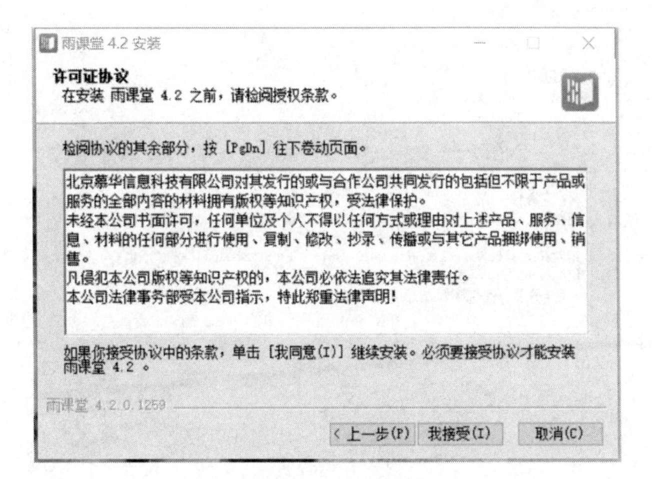

图 A2-2 “许可证协议”界面

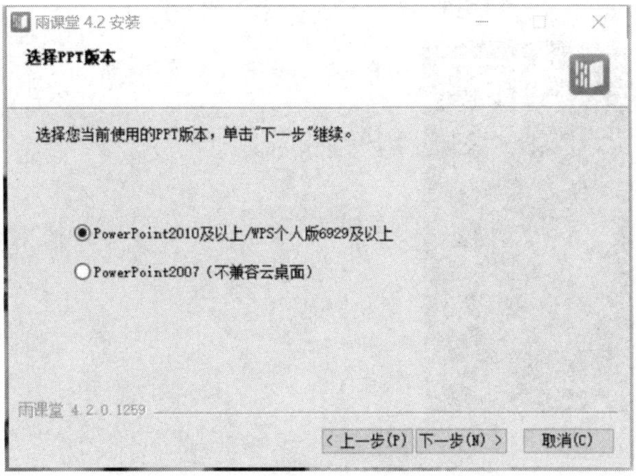

雨课堂 4.2 安装
选择PPT版本
选择您当前使用的PPT版本，单击"下一步"继续。
PowerPoint2010及以上/WPS个人版6929及以上
PowerPoint2007（不兼容云桌面）
雨课堂 4.2.0.1259
＜上一步(P) 下一步(N)＞ 取消(C)

图 A2-3 “选择 PPT 版本”界面

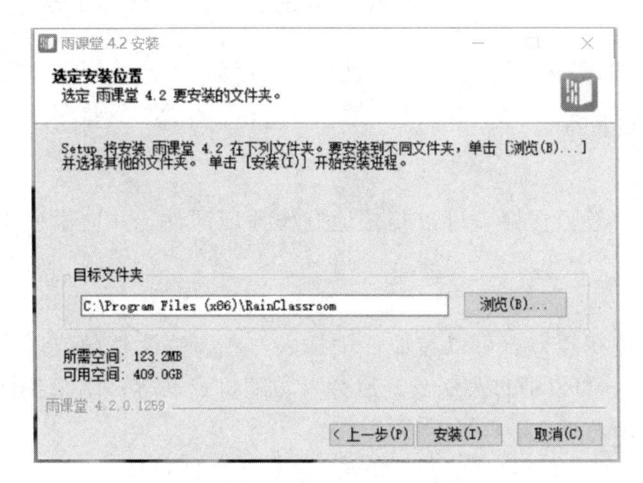

图 A2-4 “选定安装位置”界面

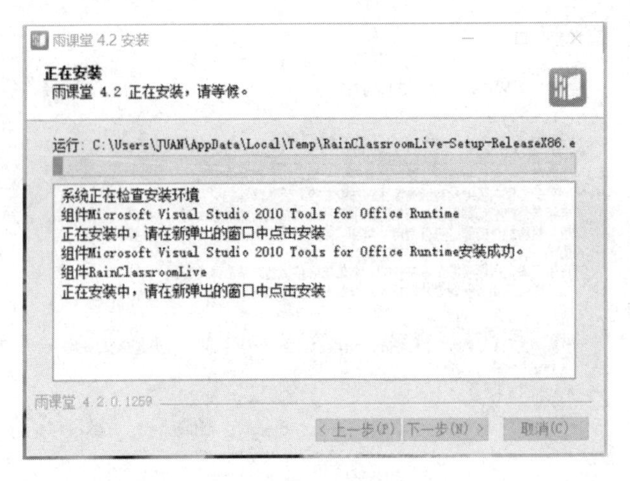

图 A2-5　安装进度界面

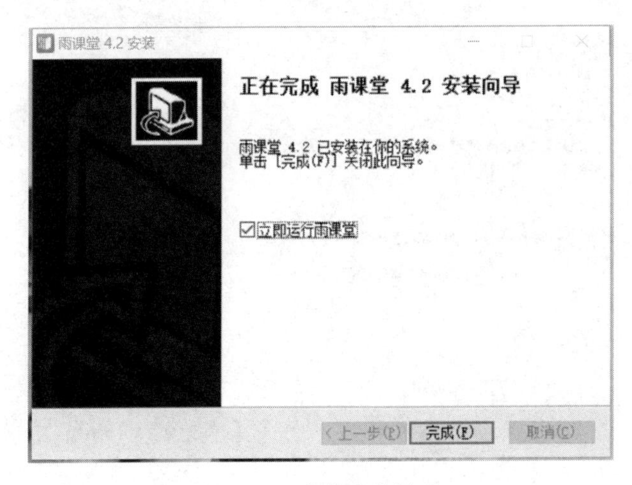

图 A2-6　安装完成界面

(4)手机端。

进入微信，搜索“雨课堂”公众号并关注(温馨提示：首次使用时需填写相关信息)。

2. “雨课堂”的使用

(1)课前。

使用“雨课堂”，教师在课下可以轻松地制作预习课件，并向学生手机端推送，灵活地开展课堂翻转。

(2)课中。

使用“雨课堂”进行授课，可以在课件中插入习题、慕课视频或网络视频；可以开启视频/语音直播授课；可以通过小工具开启弹幕、随机点名等；结束授课后，还可以通过手机端查看课后小结。

(3)课后。

教师可以使用“雨课堂”制作试卷、布置课后作业，支持将 Word 格式的习题集一键导入“雨课堂”，试卷上传后保存在教师手机端的“试卷库”中，供教师随时调用、预览并发布给学生。

“雨课堂”电脑端界面和手机端界面分别如图 A2-7 和图 A2-8 所示。

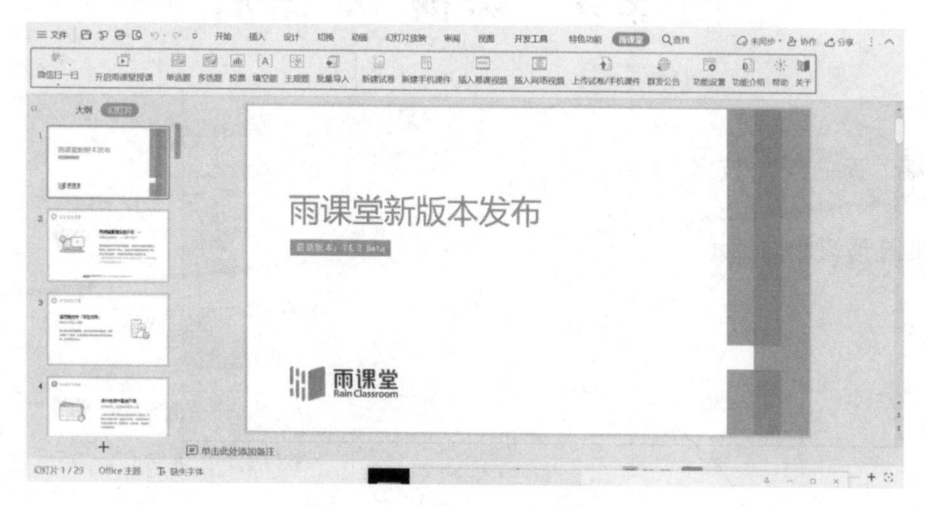

图 A2-7 “雨课堂”电脑端界面

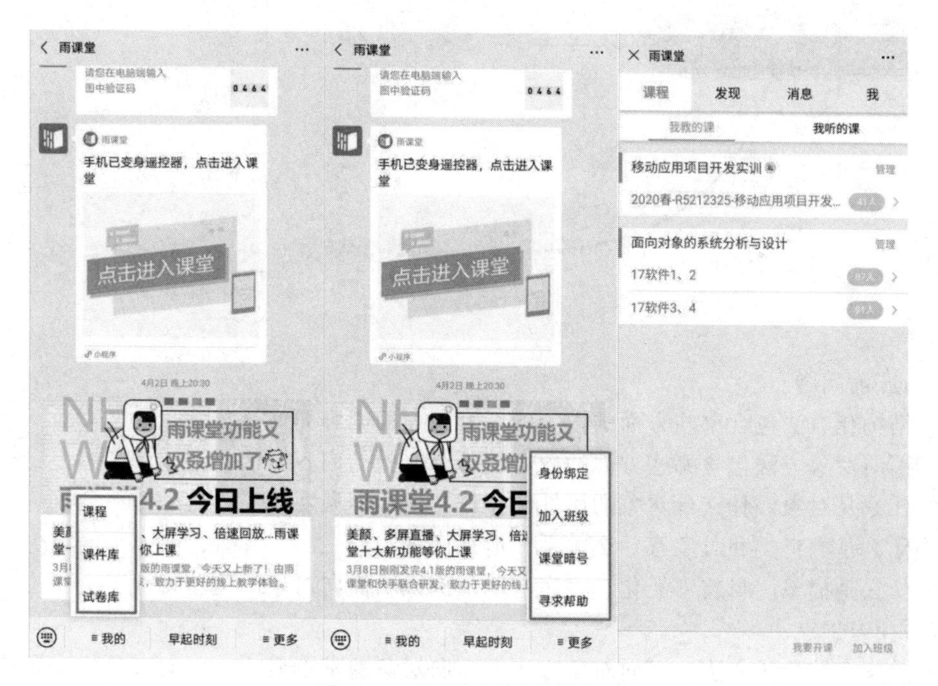

图 A2-8 “雨课堂”手机端界面

附录3　课前 & 课后

第1章　面向对象技术

课前预习引导

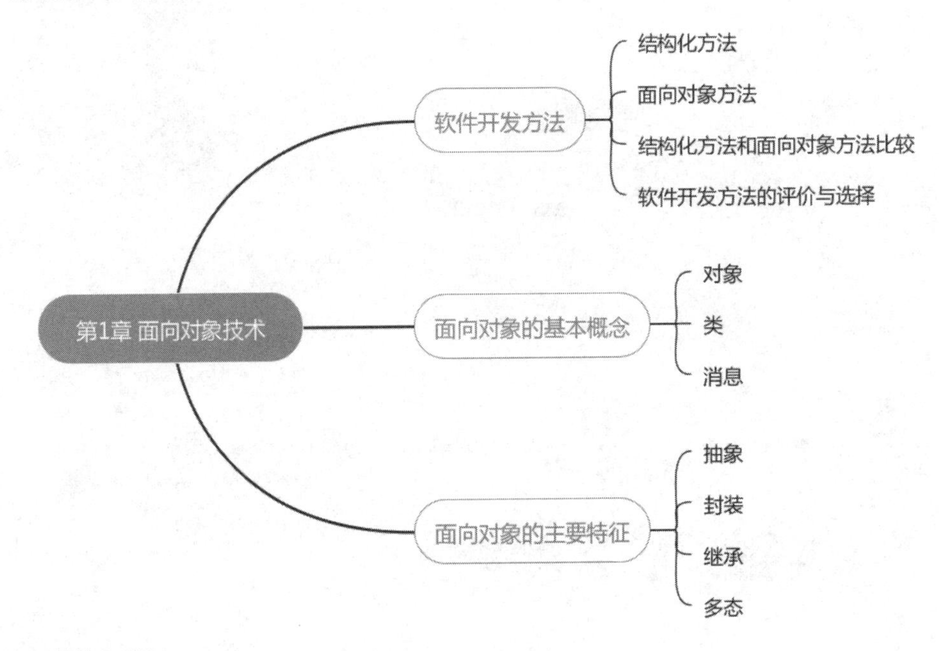

(1)课前问题。

①结构化方法包含哪些方面的内容？每个方面的内容如何描述？

②面向对象方法包含哪些方面的内容？每个方面的内容如何描述？

③什么是对象？什么是对象的属性和操作？请举例说明。

④什么是类？类和对象有什么关系？请举例说明。

⑤什么是抽象、封装、泛化、多态？请举例说明面向对象的这些特征。

(2)预习重点。

重点预习结构化方法、面向对象方法、面向对象的基本概念、面向对象的主要特征。

(3)预习难点。

预习难点是面向对象的主要特征。

课后复习指导

(1)结构化方法包含结构化分析(SA)、结构化设计(SD)、结构化程序设计(SP)、结构化测试(ST)、结构化系统维护(SSM)5个方面的内容。

结构化方法复习重点如表 A3-1 所示。

表 A3-1 结构化方法复习重点

内容	描述方式
结构化分析	数据流图、数据字典和加工说明
结构化设计	模块结构图、流程图、N-S 图、PAD 图、伪代码
结构化程序设计	面向过程语言，如 C 语言

(2)面向对象方法包含面向对象分析(OOA)、面向对象设计(OOD)、面向对象程序设计(OOP)、面向对象测试(OOT)和面向对象系统维护(OOSM)5 个方面内容。

面向对象方法复习重点如表 A3-2 所示。

表 A3-2 面向对象方法复习重点

内容	描述方式
面向对象分析	用例图、类图、顺序图、活动图等
面向对象设计	组件图、部署图等
面向对象程序设计	面向对象语言，如 Java

(3)客观世界中的事物都是对象，它不仅能表示有形的实体，也能表示无形的规则、计划或事件。它具有明确定义的边界和标识，并封装了属性和操作。其中，对象的属性表示事物的数据特征；对象的操作表示事物的行为特征。

①对象：张三。

②对象的属性：张三的姓名、性别、年龄等。

③对象的操作：张三看书、吃饭、睡觉等。

(4)类是对象的抽象，对象是类的具体化。

①对象：张三、李四，可以对这些对象进行抽象.

②类：人、中国人，就是对这些对象进行抽象的类。

(5)面向对象的主要特征包括：抽象、封装、泛化、多态。

①抽象：从事物中舍弃个别的、非本质的特征，而抽取共同的、本质的特征。

②封装：对象对其客户隐藏具体的实现，它是软件模块化思想的体现。

③泛化：一个类可以共享另外一个或多个类的结构和行为。

④多态：同一消息为不同的对象接收时产生完全不同行动的能力。

第 2 章　可视化建模技术

课前预习引导

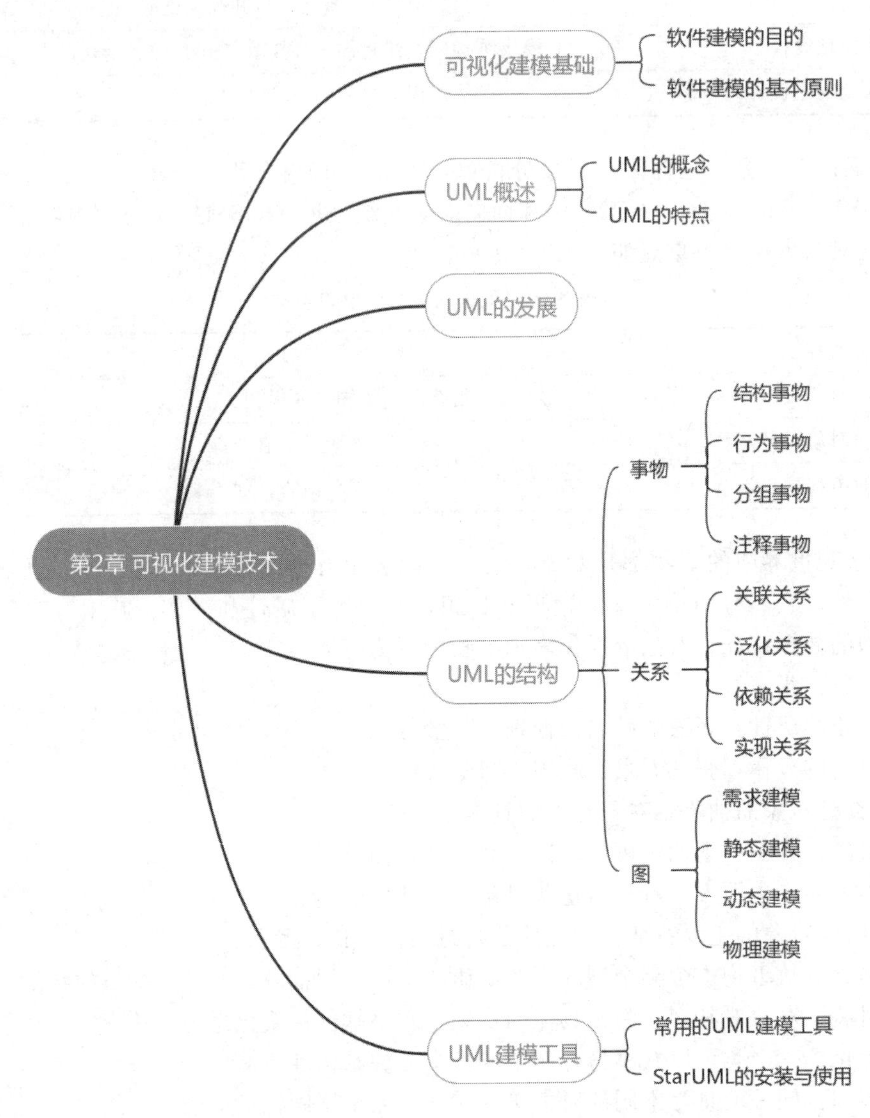

(1)课前问题。

①为什么要建模?

②什么是 UML?

③UML 中的事物包括哪些?

④UML 中的关系包括哪些?

⑤UML 中的图包括哪些?简述每种图的使用场景。

(2)预习重点。

重点预习软件建模的目的、软件建模的基本原则、UML 的概念、UML 的特点、UML 的结构、StarUML 的安装与使用。

(3)预习难点。

预习的难点是 UML 图的建模情景。

课后复习指导

(1)模型是对现实存在的实体的抽象和简化，模型提供了系统的蓝图。可视化建模的目的就是为了把将要构造的软件系统的结构和行为表示出来，并进行合理的控制，从而为更好地理解和开发系统提供必备的保障。

(2)UML(Unified Modeling Language)，译为统一建模语言，是一种面向对象的可视化建模语言，它是对象管理组织(OMG)制定的一个通用的、可视化的建模语言标准，可以用来可视化、描述、构造和文档化软件密集型系统的各类工件。

(3)UML 中的事物包括：结构事物、行为事物、分组事物和注释事物。

(4)UML 中的关系包括：关联关系、泛化关系、依赖关系和实现关系。

(5)本章主要介绍 UML 中的 9 种图，如表 A3-3 所示。

表 A3-3 UML 中的 9 种图

类型	名称	使用场景
需求建模	用例图	描述系统功能
静态建模	类图	描述系统中各个对象的相关的类，以及这些类之间的静态关系，它将作为数据库设计的基础
	对象图	描述在某一时刻，类的具体实例之间的关系
动态建模	顺序图	描述对象之间的动态交互，并强调消息的执行顺序
	通信图	描述对象之间的动态交互，并强调对象的组织结构
	活动图	描述用例内部的执行流程
	状态图	描述对象所经历的状态转移
物理建模	组件图	描述在系统实现环境中的软件构件和它们之间的关系
	部署图	描述系统所需的硬件环境的物理结构，以及软件资源在硬件环境中的部署方案

第3章 需求建模

课前预习引导

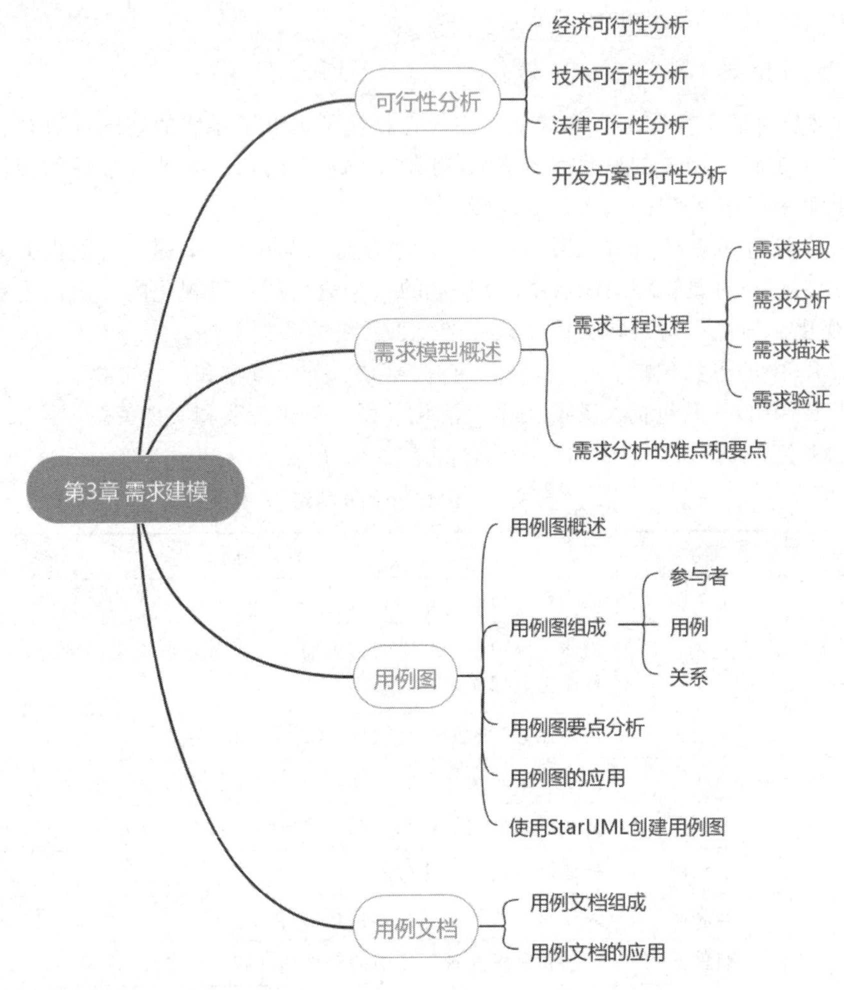

(1)课前问题。

①可行性分析主要从哪几个方面进行?

②什么是需求模型?

③完整的需求工程过程包括什么?

④什么是参与者?如何确定系统的参与者?

⑤什么是用例?如何确定系统的用例?

⑥举例说明用例之间的关系。

(2)预习重点。

预习重点是需求模型、用例图的组成、用例图的应用、用例文档的组成、用例文档的应用。

(3)预习难点。

预习难点为用例间的关系、用例图的应用、用例文档的应用。

课后复习指导

(1)当人们准备开发一个软件项目时，首先要对该项目进行可行性分析，明确待开发项目的意义和价值。可行性分析主要分为经济可行性分析、技术可行性分析和法律可行性分析。

(2)需求模型，也称为用例模型，是系统既定功能及系统环境的模型，它可以作为客户和开发人员之间的契约。对于正在构造的新系统，用例模型描述该系统应该做什么；对于已构造完成的系统，用例模型则反映了系统能够完成什么样的功能。

(3)完整的需求工程过程包括：需求获取、需求分析、需求描述及需求验证4个过程。

(4)参与者是指存在于系统外部并直接与系统进行交互的人或物。参与者可以是系统用户、外部系统、进程等。可以通过询问以下问题来发现参与者。

①使用系统主要功能的人是谁?

②需要借助系统完成日常工作的人是谁?

③谁来维护管理系统以保证系统能正常工作?

④系统控制的硬件设备有哪些?

⑤系统需要与哪些其他的系统交互?

⑥对系统产生的结果感兴趣的人或事是哪些?

(5)用例代表一个系统或系统的一部分行为，是对一组动作序列的描述，系统执行该动作序列来为参与者产生一个可观察的结果值，用例代表的是一个完整的功能。从识别参与者起，发现用例的过程就已经开始了，对于已识别的参与者，可以通过询问以下问题来发现用例。

①参与者需要从系统中获得哪些功能? 参与者需要做什么?

②参与者需要读取、产生、删除、修改或存储系统中的某种信息吗?

③系统中发生的事件需要通知参与者吗? 或者参与者需要通知系统某事吗? 这些事件(功能)能干什么?

④用系统的新功能处理参与者的日常工作是否简化了? 是否提高了工作效率呢?

(6)用例间的关系：泛化关系、包含关系和扩展关系。

①泛化关系示例如图 A3-1 所示。

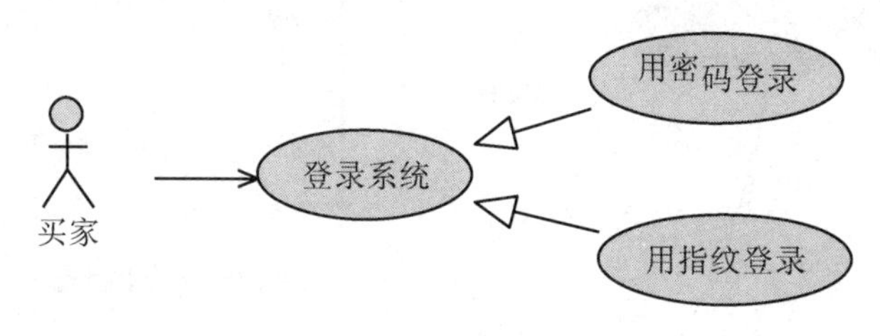

图 A3-1　泛化关系示例

②包含关系示例如图 A3-2 所示。

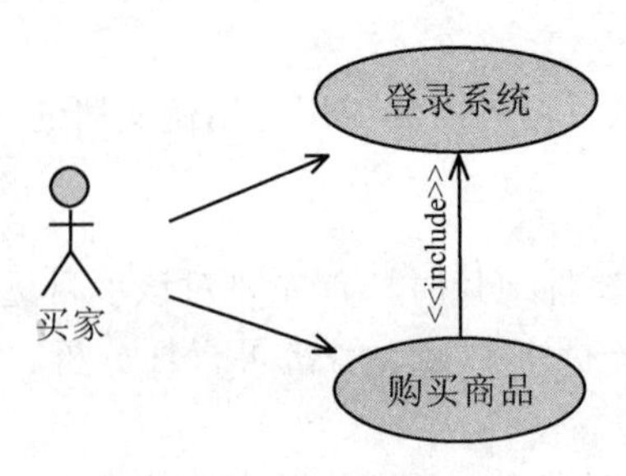

图 A3-2 包含关系示例

③扩展关系示例如图 A3-3 所示。

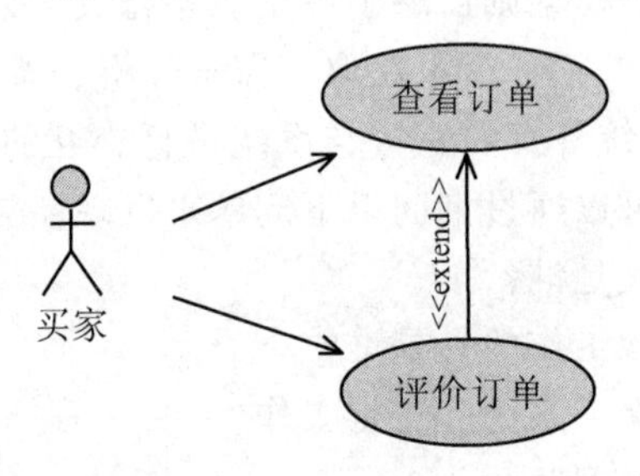

图 A3-3 扩展关系示例

第 4 章 静态建模

课前预习引导

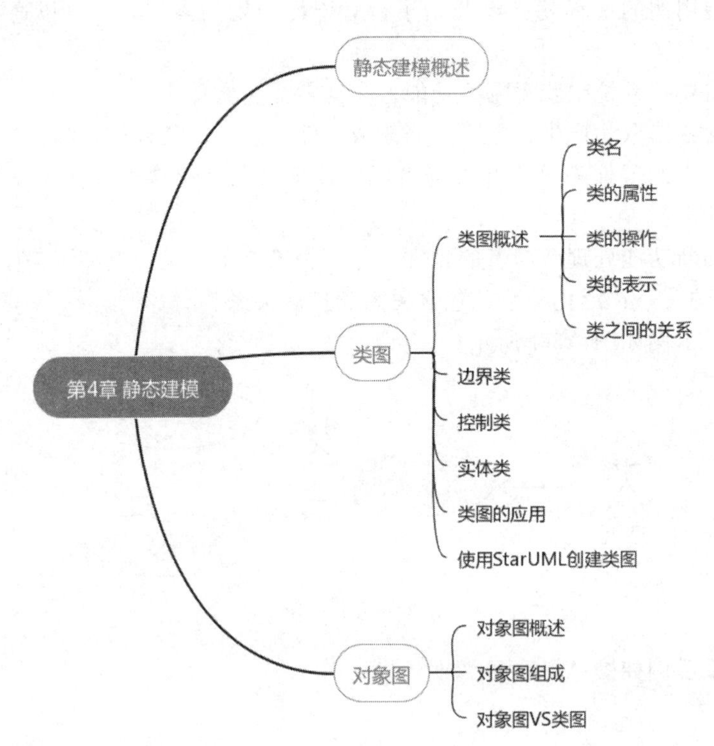

(1)课前问题。

①什么是静态模型?

②类的聚合关系和组合关系有什么不同?举例说明。

③什么是边界类?什么是控制类?什么是实体类?它们如何识别?

(2)预习重点。

预习重点为静态模型、类图的组成、类图的应用、对象图的组成。

(3)预习难点。

预习难点为类的识别。

课后复习指导

(1)静态模型主要用于描述系统的组织和结构,从而达到利用面向对象方法在计算机的软件系统中表示事物、处理事物的目的。UML 的静态建模主要使用类图和对象图。

(2)聚合和组合都是一种特殊的关联关系,体现类之间整体和部分的关系。只是,在组合关系中,整体和部分是不可分的,整体的生命周期决定部分的生命周期,因此,组合也称为强聚合。

①聚合关系示例:公司和员工、班级和学生等。

②组合关系示例:人和人的大脑、树和树叶等。

(3)系统中的类主要包括边界类、控制类和实体类,如表 A3-4 所示。

表 A3-4 系统中的类

类型	表示法	识别法	示例
边界类		(1)用户界面类 (2)系统(设备)接口类	(1)支付界面类 (2)银行支付系统接口类
控制类		(1)在系统开发早期,为一个用例定义一个控制类,负责该用例的控制逻辑 (2)针对复杂用例,可为备选路径分别定义不同的控制类	支付控制类
实体类		(1)分析用例事件流中的名词、名词短语,找出系统所需的实体对象,并抽象成类,形成实体类初始候选列表 (2)综合考虑在系统中的意义、作用和职责,合并那些含义相同的名词,删除那些系统不需要处理的名词、作为其他实体类属性的名词,并对所识别的实体类进行命名	(1)支付信息 (2)会员账号

第 5 章 动态建模

课前预习引导

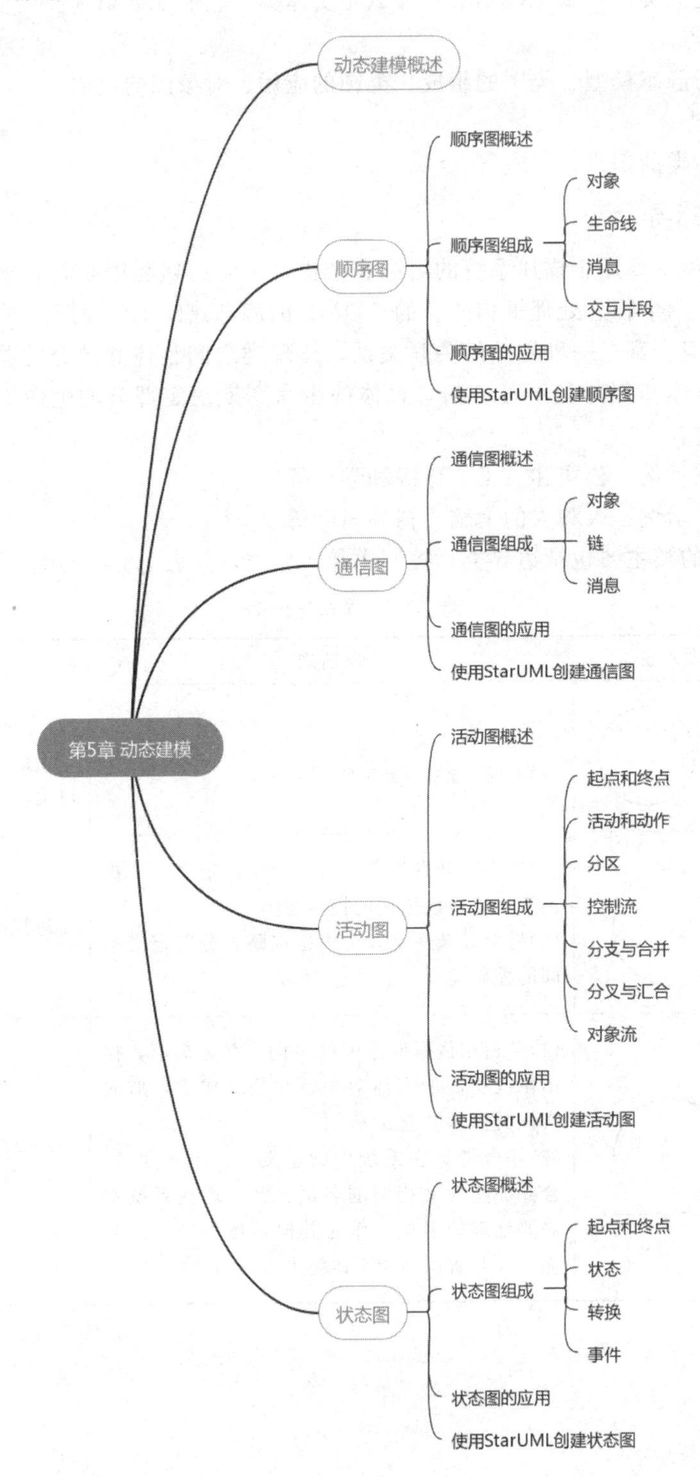

(1)课前问题。

①什么是动态模型?

②动态模型主要由哪些UML图组成?这些UML图的主要组成元素是什么?

③顺序图和通信图有什么区别?

(2)预习重点。

预习重点为动态模型、顺序图的组成和应用、通信图的组成和应用、活动图的组成和应用、状态图的组成和应用

(3)预习难点。

预习难点为顺序图中交互对象的识别、活动图中的分支与分叉、状态图中引起状态转换的事件。

课后复习指导

(1)动态模型主要用于描述系统的行为和动作,它是静态建模的深化和拓展,主要描述"怎么做(How)"才能实现系统的功能。UML的动态建模主要使用顺序图、通信图、活动图和状态图。

(2)UML的动态模型主要由顺序图、通信图、活动图和状态图组成,如表A3-5所示。

表A3-5 动态模型中的UML图

名称	作用	组成
顺序图	(1)帮助用户进一步了解业务细节 (2)帮助分析人员进一步明确用例事件流 (3)帮助开发人员进一步了解需要开发的对象和对这些对象的操作,了解三层结构中的调用关系 (4)帮助测试人员通过事件处理流程的细节,开发测试案例	(1)对象 (2)生命线 (3)消息 (4)交互片段
通信图	(1)通过描绘对象之间消息的传递情况来反映具体使用语境的逻辑表达 (2)显示对象及其交互关系的空间组织结构 (3)表现一个类操作的实现	(1)对象 (2)链 (3)消息
活动图	(1)理解被构建系统的组织结构和动态特征 (2)确保客户、最终用户和开发人员对目标系统有统一的理解 (3)描述一个操作执行过程中所完成的工作 (4)描述复杂的算法	(1)起点/终点 (2)活动/动作 (3)分区(泳道) (4)控制流 (5)分支与合并 (6)分叉与汇合 (7)对象流

续表

名称	作用	组成
状态图	(1)通过状态的转换顺序可以清晰地看出事件的执行顺序，帮助开发人员在开发过程中避免出现事件错序的情况 (2)通过状态转换时的触发事件、监护条件和动作等因素，帮助开发人员避免程序中非法事件的进入 (3)通过判定更好的描述工作流因为不同条件发生的分支	(1)起点/终点 (2)状态 (3)转换 (4)事件

(3)顺序图和通信图都是交互图，但顺序图强调的是时间，而通信图强调的是空间。换句话说，顺序图强调的是交互对象发送和接收消息的时间顺序，而通信图强调的是对象结构的相关信息。在对系统进行动态行为建模时，通常使用顺序图按时间顺序对控制流建模，用通信图按对象组织对控制流建模。

第6章　物理建模

课前预习引导

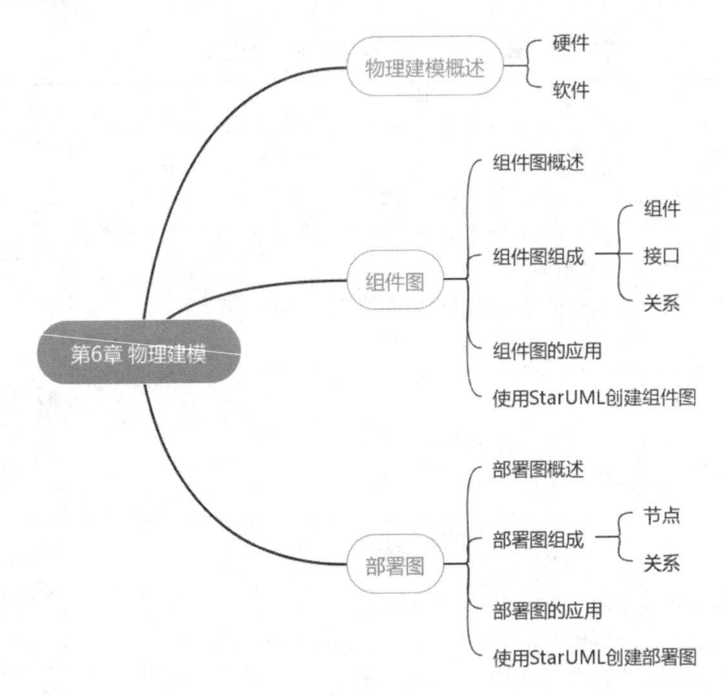

(1)课前问题。

①为什么要进行物理建模？

②什么是组件图？什么是部署图？它们的主要组成元素有哪些？

③什么是组件？组件图中有哪些组件类型？

④什么是节点？部署图中有哪些节点类型？

(2)预习重点。

预习重点为物理模型、组件图的组成和应用、部署图的组成和应用。

(3)预习难点。

预习难点为组件的识别、节点的识别。

课后复习指导

(1)软件系统的物理架构规定了组成软件系统的物理元素、这些物理元素之间的关系以及它们部署到硬件上的策略。物理建模主要用于解决以下问题。

①类和对象物理上分布在哪一个进程或线程中?

②进程和线程在哪台计算机上运行?

③系统中有哪些计算机和其他硬件设备，以及它们之间是如何连接在一起的?

④不同的代码模块之间如何关联?

(2)UML 的物理模型主要由组件图和部署图组成，如表 A3-6 所示。

表 A3-6 物理模型的 UML 图

名称	作用	组成
组件图	用于描述软件组件及组件之间的关系，显示代码的结构	组件、接口和关系
部署图	显示运行时系统的结构，同时还传达构成应用程序的硬件和软件元素的配置和部署方式	节点和关系

(3)组件是一个封装完好的并定义了明确接口的物理实现单元。它隐藏了内部的实现，对外提供了一组接口，由于它对接口的实现过程与外部元素独立，因此它是系统中可替换的物理部件。组件主要分为以下几种类型。

①源组件。源组件是编译时的组件，通常情况下，源组件是指实现一个或多个类的源代码文件。

②二进制组件。二进制组件是链接时的组件，通常情况下，二进制组件是指对象代码，它是源组件的编译结果，是一个对象代码文件、一个静态库文件或一个动态库文件。

③可执行组件。可执行组件是一个可执行的程序文件，它链接所有二进制组件所得到的结果。

(4)节点是运行时的物理对象，代表一个计算资源。节点主要分为以下两种类型。

①处理器。处理器是信息处理、程序运行的最终执行单元。从嵌入式系统中的微处理器到超级计算机、从桌面计算机到便携式计算机，都称为处理器。一般来说，需要借助处理器来运行系统中的软件。

②设备。设备指的是系统所支持的设备，如打印机、扫描仪、交换机、路由器、读卡器等。它们一般连接在控制它们的处理器上，提供输入、输出、存储或网络连接等功能。

第7章 UML与统一软件开发过程

课前预习引导

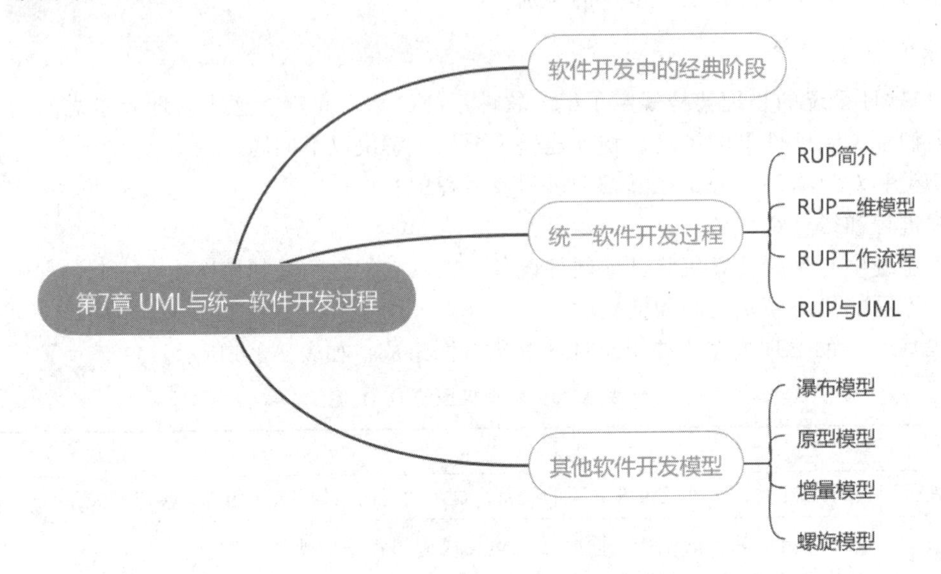

(1)课前问题。

①什么是RUP?

②RUP的4个迭代阶段是什么？每个阶段的目标是什么？

③RUP的6大核心过程工作流是什么？每个工作流的主要活动是什么？

④瀑布模型、原型模型、增量模型和螺旋模型的优缺点有哪些？

(2)预习重点。

预习重点为RUP二维模型、RUP工作流程及其他软件开发模型之间的比较。

(3)预习难点。

预习难点为其他软件开发模型之间的比较。

课后复习指导

(1)RUP(Rational Unified Process)，译为统一软件开发过程，是一套软件工程方法，是Rational软件公司的软件工程过程框架，它将用户需求转化为软件系统所需的活动的集合。它定义了软件开发过程中的“什么时候做”“做什么”“怎么做”“谁来做”的问题，以保证软件项目有序、可控、高质量地完成，它可用于各种不同类型的软件系统、各种不同的应用领域、各种不同功能级别以及各种不同的项目规模。

(2)RUP的4个迭代阶段为初始阶段、细化阶段、构造阶段和交付阶段，如表A3-7所示。

表 A3-7 RUP 的迭代阶段

迭代阶段	目标
初始阶段	(1)明确软件系统的规模和边界条件，包括运作前景、验收标准等 (2)识别系统的关键用例和主要的功能场景 (3)对于一些主要场景，展示或者演示至少一个备选架构 (4)评估整个项目的成本和进度 (5)评估潜在的风险 (6)准备好项目的支持环境
细化阶段	(1)确保软件架构、需求和计划足够稳定，充分减少风险，从而能够有预见性地确定完成开发所需的成本和进度 (2)针对系统软件在架构方面的主要风险加以解决和处理 (3)建立一个已建立基线的架构 (4)建立一个包含高质量构件的、可演化的产品原型 (5)证明已建立基线的架构可以保障系统需求控制在合理的成本和时间范围内 (6)向投资者、客户和最终用户演示项目可行性 (7)建立好项目的支持环境
构造阶段	(1)通过优化资源、避免不必要的报废和返工以达到开发成本的最小化 (2)根据实际需要达到适当的质量目标 (3)根据实际需要形成各个版本 (4)对所有必需的功能完成分析、设计、开发和测试工作 (5)采用迭代、递增的方式开发出一个可以提交给最终用户的完整产品 (6)确定软件、场地和用户是否已经为最终部署做好准备 (7)开发团队的工作实现某种程度的并行
交付阶段	(1)进行 Beta 测试以期达到最终用户的需要 (2)Beta 测试版本和旧系统并行操作 (3)转换操作数据库 (4)对最终用户和产品使用人员进行培训 (5)提交给市场和产品销售部门 (6)具体部署相关的工程活动 (7)协调 Bug 修订，如进行调试、改进性能、可用性等工作 (8)根据产品的完整前景和验收标准对最终部署做出评估 (9)达到用户要求的满意度 (10)达成各风险承担人对产品部署基线已经完成的共识 (11)达成各风险承担人对产品部署符合完整前景和验收标准的共识

(3)RUP 的 6 大核心过程工作流分别为商业建模、需求、分析和设计、实现、测试、部署，如表 A3-8 所示。

表 A3-8　RUP 核心过程工作流

核心过程工作流	主要活动
商业建模 (Business Modeling)	在商业用例模型和商业对象模型中定义组织的过程、角色和责任
需求 (Requirement)	对需要的功能和约束进行提取、组织、文档化；最重要的是理解系统所解决问题的定义和范围
分析和设计 (Analysis and Design)	将需求转化成未来系统的设计，为系统开发一个健壮的结构并调整设计使其与实现环境相匹配，优化其性能
实现 (Implementation)	定义代码的组织结构、实现代码、单元测试和系统继承 4 个方面的内容
测试 (Test)	验证对象间的交互作用、验证软件中所有组件的正确集成、检验所有的需求已被正确的实现、识别并确认缺陷在软件部署之前被提出并处理
部署 (Deployment)	成功的生成版本并将软件分发给最终用户，包括：软件打包、生成软件本身以外的产品、安装软件、为用户提供帮助。在有些情况下，还可能包括计划和进行 beta 测试、移植现有的软件和数据以及正式验收

(4)本章主要介绍了瀑布模型、原型模型、增量模型和螺旋模型，其各自的优、缺点如表 A3-9 所示。

表 A3-9　几种模型的优、缺点

名称	优、缺点
瀑布模型	优点： (1)为项目提供了按阶段划分的检查点 (2)当前一阶段完成后，只需要去关注后续阶段即可 (3)可在迭代模型中应用瀑布模型 (4)它提供了一个模板，这个模板使分析、设计、编码、测试和支持的方法可以在该模板下有一个共同的指导 缺点： (1)各个阶段的划分完全固定，阶段之间产生大量的文档，极大地增加了工作量 (2)由于开发模型是线性的，用户只有等到整个过程的末期才能见到开发成果，从而增加了开发风险 (3)通过过多的强制完成日期和里程碑来跟踪各个项目阶段 (4)瀑布模型的突出缺点是不适应用户需求的变化
原型模型	优点： 克服瀑布模型的缺点，减少由于软件需求不明确带来的开发风险。这种模型适合预先不能确切定义需求的软件系统的开发 缺点： 原型模型的缺点是所选用的开发技术和工具不一定符合主流发展优势。快速建立起来

续表

名称	优、缺点
原型模型	的系统结构，加上连续的修改可能会导致产品质量低下。使用这个模型的前提是要有一个展示性的产品原型；因此在一定程度上可能会限制开发人员的创新
增量模型	优点： (1)能在较短的时间内向用户提交可完成部分工作的产品 (2)将待开发的软件系统模块化，可以分批次地提交软件产品，使用户可以及时了解软件项目的进展 (3)以组件为单位进行开发降低了软件开发的风险。一个开发周期内的错误不会影响到整个软件系统 (4)开发顺序灵活。开发人员可以对组件的实现顺序进行优先级排序，先完成需求稳定的核心组件。当组件的优先级发生变化时，还能及时地对实现顺序进行调整 缺点： (1)由于各个构件是逐渐并入已有的软件体系结构中的，所以加入构件时不能破坏已构造好的系统部分，这需要软件具备开放式的体系结构 (2)在开发过程中，需求的变化是不可避免的。增量模型的灵活性可以使其适应这种变化的能力大大优于瀑布模型和快速原型模型，但也很容易退化为边做边改模型，从而使软件过程的控制失去整体性 (3)如果增量包之间存在相交的情况且未很好处理，则必须做全盘系统分析，这种模型将功能细化后分别开发的方法较适应于需求经常改变的软件开发过程
螺旋模型	优点： (1)设计上的灵活性，可以在项目的各个阶段进行变更 (2)以小的分段来构建大型系统，使成本计算变得简单容易 (3)客户始终参与每个阶段的开发，保证了项目不偏离正确方向以及项目的可控性 (4)随着项目推进，客户始终掌握项目的最新信息，从而使客户能够与管理层有效地交互 (5)客户认可这种公司内部的开发方式带来的良好的沟通和高质量的产品 缺点： 很难让用户确信这种演化方法的结果是可以控制的。其建设周期长，而软件技术发展比较快，所以经常出现软件开发完毕后，和当前的技术水平有了较大的差距，无法满足用户当前需求

参考文献

[1]薛均晓，李占波. UML系统分析与设计[M]. 北京：机械工业出版社，2014.

[2] 吕云详，赵天宇，丛硕. UML系统分析、建模与设计[M]. 北京：清华大学出版社，2018.

[3] 彭勇，刘志成. UML建模实例教程[M]. 2版. 北京：电子工业出版社，2016.

[4] 刁成嘉. UML系统建模与分析设计[M]. 北京：机械工业出版社，2007.

[5] 谭火彬. UML2面向对象分析与设计[M]. 北京：清华大学出版社，2013.

[6] 麻志毅. 面向对象分析与设计[M]. 北京：机械工业出版社，2013.

[7] 鄂大伟. 软件工程[M]. 北京：清华大学出版社，2010.

[8] 龙浩，王文乐，刘金，等. 软件工程：软件建模与文档写作[M]. 北京：人民邮电出版社，2016.

[9] 谭云杰. 大象：Thinking in UML[M]. 2版. 北京：水利水电出版社，2012.

[10] 张传波. 火球：UML大战需求分析[M]. 北京：水利水电出版社，2012.

[11] R V Stumpf，L C Teague. 面向对象的系统分析与设计(UML)版[M]. 梁金昆，译. 北京：清华大学出版社，2005.

[12] I Jacobson，G Booch，J Rumbaugh. 统一软件开发过程[M]. 周伯生，冯学民，樊东平，译. 北京：机械工业出版社，2002.